企業管治
新論

何順文、林自強 主編

匯智出版

責任編輯：羅國洪
封面設計：梁文傑

企業管治新論

何順文　林自強　主編

出　　版：匯智出版有限公司

香港九龍尖沙咀赫德道2A首邦行8樓803室

電話：2390 0605　　傳真：2142 3161

網址：http://www.ip.com.hk

發　　行：香港聯合書刊物流有限公司

香港新界荃灣德士古道220-248號荃灣工業中心16樓

電話：2150 2100　　傳真：2407 3062

印　　刷：陽光(彩美)印刷有限公司

版　　次：2020年11月初版

國際書號：978-988-74437-5-9

目錄

代序

邁向持份者為本的管治模式

　　過去二十年，一些大企業「賺到盡」與唯利是圖的行為，令人憂慮商界、政府與社會之間的信任會否惡化。一些上市企業高層過分重視虛擬股市與公司股價最大化，以追求個人股份期權回報，漸輕視真實產品市場、顧客和社會需要，犧牲非股東持份者利益。政府對市場行為往往沒有積極有效的干預，反而讓人有縱容一些不公平或缺德商業活動的感覺。特別是經過兩次的環球金融風暴及不少企業醜聞，資本主義顯得問題叢生，並且漸走向困局。

　　註冊有限公司（incorporated corporation，簡稱公司或企業）已有兩千年的歷史，起初在西歐只有公用事業（如供水及興建運河）組織可獲法人註冊資格。根據公司的最原始概念，企業是社會的一個重要組成機關（social institution），要自願遵從一些社會契約，除守法賺錢外，還要照顧不同持份者的利益。隨着時代的演變，現今私營法人公司擁有原來沒有的一些特權：無限壽命、有限債務責任、可以擁有其他公司股份。但這些企業亦漸演變成股東盈利主導的賺錢機器。在有了上市制度後，很多企業高層更以股東利益為藉口而「賺到盡」。

　　賺到盡與財技化的資本主義，需要迫切改革以拯救其正當性與可持續性。但單靠政府的公權力量並不能做到，商界、學界和民間組織如能及早作出根本的醒覺及改變價值觀，相信我們仍可以創造另一個可持續的「綠色資本主義」。

　　近年來，歐美商界及商學院漸盛行一些概念、行為或運動，以嘗試逆轉這個趨勢，並提升大眾對商界的正面形象。這些概念主要有三個緊密關連的層面，分別是：（A）企業道德（business ethics）；（B）可持續性（sustainability），包括三重底線與ESG報告；及（C）負責任管理（responsible management），包括企業公民、企業社會責任（corporation social responsibility, CSR）、創造共享價值（creating shared values, CSV）、B型企業等。這些運動就是認為企業不單要創造利潤，亦要對非股東持份者盡責任，甚至協助解決一些急切的社會（如人權、失業、貧窮、反貪、勞工權益、消費者權益、公平貿易）或環境（如人口、全球溫暖、水源、空氣質素、生物多樣性）問題。

　　但不少人懷疑究竟有多少企管人員真正了解上述不同概念的內涵、根本假設及局限，並相信其中仍有一些誤解。例如企業從事外部公益性CSR及CSV活動前，是否已先做到守法合德和照顧好員工與顧客的需要？究竟這些活動有多少社會創新及可持續社會效益？如果不能明白自由經濟市場內「公司」的本質、目的和責任，心中仍只知股東利益至上，未能真正採納「持份者價值」的觀點，那麼不論企業投入了多少資源於這些CSR或CSV項目上，相信仍未能改善自由市場的

很多根本問題或只會事倍功半。

　　下文將剖析「賺到盡」或「股東價值最大化」（maximizing shareholder value, MSV）觀念的謬誤，以及其如何妨礙企業達致其真正目的與責任。筆者亦會指出CSR、CSV與B型企業等概念的局限，以及解釋為何企業要真正返回「持份者為本」的管治模式。

股東至上：「賺到盡」的謬誤與後果

　　不少專家學者近年已認同導致市場與企業亂象的出現，根由之一就是我們一直抱持着一個根深蒂固而錯誤的觀念：「企業的目的就是股東價值最大化（MSV）」。

　　股東至上與MSV理論是假設市場分配資源非常有效率及具有自由公平競爭，但這明顯不存在於現今複雜甚至已被操控或扭曲的商業環境，市場失效到處可見。況且，合法合情賺錢仍會損害某些社會利益，產生所謂負「外部性」成本或社會耗損（如環境污染或失業），令社會及環境可持續發展受阻。

　　構成管理層對MSV理論的迷信，主要是傳統上很多人對一些理念或假設的誤解：

（1）以為股東有向上市公司提供股本資金，但事實上大多小股東（包括機構投資者）都只是在二手股市買入股份，並作短線投機。

（2）以為法律上股東擁有上市公司的盈利或資產，但實質上

這些股東只擁有公司股份所連帶的一些權利，如股息分享權、選任董事權及在一些股東大會中享有投票權。當公司運作正常時，股東並非唯一剩餘索償人。

（3）以為法律上董事及管理高層只為股東的代理人（agent），只向股東負上授信責任（fiduciary duties），並有法律責任令股東價值最大化，但事實上這只是一個習慣觀念或市場常規而非法規。近年北美法庭個案及一些州立法已清楚說明，董事及高層必須向不同持份者負授信責任。

明顯地，很多這些根深蒂固的假設或理念只是謬誤，並沒有現代法律上、經濟理論上或學術實證研究上的支持。一直以來，很多市場的公司法已給予股東一些特權保障，例如股東可隨時變賣其股份，但其他持份者並不能隨時及容易地終斷其與公司的關係。因此，公司董事及高層不是單單向股東利益負上授信責任。

MSV 的不幸後果，就是導致很多企業高層過分專注於虛擬的股市而輕視真實的產品市場。過分或濫用的高級管理人員股票期權薪酬計劃，令管理層過分冒險以爭取短期股價上升，也導致過高不合理的薪酬（在美國一個 CEO 的薪酬可以是一個普通員工的 350 倍或以上）。在 MSV 的理念下，企業傾向高借貸、高股息及頻密回購股份的政策，但卻減少產品創新研發的投資和忽略低層員工的薪津調整。

《經濟學人》有證據顯示，雙倍的股份回購支出令企業的研發支出減少約 8%。MSV 也令機構投資者對 S&P500 公司的持股期由六十年代的平均八年減至現今的四個月，而企業

的平均壽命由五十年代的約 55 年減至現今的 15 年。實證研究結果也顯示，企業着重 MSV 導致很多短線投機行為，對股東的長遠回報反而有負面影響，也嚴重導致宏觀經濟和金融市場的較大波動。

持份者理論：社會契約與平衡利益

近年來，商界及學術界一些先鋒對「股東價值最大化」（MSV）似是而非的概念已經有所反思，建議應重返原始的社會契約與企業理論，即「持份者理論」（Stakeholder Theory），主張企業高層不應只向股東負責，更要向其他主要的持份者（如股東、高層、員工、顧客、供應商及社區）負責，平衡各持份者利益以賺取合理利潤（而不是「賺到盡」）和可持續的長遠價值。理論上，主要非股東持者也應有途徑被諮詢或參與制訂公司的重大決策。

費里曼（R. Edward Freeman）是最早推動持份者理論的管理學者之一。他認為，持份者應對企業重大決策有參與權，企業高層有權責將企業管理好，並小心平衡不同持份者的利益。費里曼創立所謂「公平合約學說」（Doctrine of Fair Contract），以期能公平有效地處理不同持份者團體之間的潛在利益衝突。這個學說包括六個合約商議的原則：入出商議原則、共同管治原則、外部成本原則、共同分攤合約成本原則、代理所有持份者利益原則，以及公司永續生存意願原則。

根據政治哲學學者羅氏（John Rowl）的公義理論（Theory

of Justice)與無知面紗(veil of ignorance)原則,所有參與制訂政策或協議的單位,須了解在達成協議前不能預計到商議的結果,以及對自己及他人有何影響。這才可確保所有參與者受到公平對待。此種合約制訂方式又稱為「羅氏合約」(Rawlsian Contract),它與費里曼的「公平合約學說」有共通之處。

無論如何,持份者理論雖有嚴謹的論據及實務上的可行性,但仍有一些限制。例如在界定誰是有關切的持份者時有一定困難和爭議;此外,也不容易釐訂哪些持份者的利益應優先考慮。因此,學界還須繼續努力設立一些更切實可行的框架與方法,以落實持份者理論的精神。

CSR、CSV及B型企業的局限

在過去十多年,歐美各國出現了一些反思、探索和運動,以積極推動企業的改革和創造更多社會價值。這些影響逐漸擴散至全球各地。除普遍的企業社會責任(CSR)活動外,較多人注視的新學說與運動還包括創造共享價值(CSV)及B型企業。然而,這些學說或運動都有其局限。

(A)企業社會責任(CSR)

目前企業所推行的企業社會責任(CSR)政策或項目,大多為對外公益慈善性質,脫離了公司的核心業務。其一般旨在於:(a)彌補所造成的社會成本(補償性CSR),(b)出

於純良心利他主義（關懷性 CSR），以及（c）提升企業聲譽和業務增長（工具性 CSR）。但這些政策究竟能產生多少社會效益，仍很難衡量。

當然有些企業一直善待員工、顧客與社區，不論賺錢多少，每年都堅持純利他主義的公益性 CSR 投入。但也有不少企業高級管理人員仍遵從 MSV 教條，往往在守法合德和對待員工及顧客等持份者上都不夠重視，甚至有企業一邊薄待員工、顧客及社區，另一邊卻廣做環保、義工和公益慈善活動。在某角度來說，後者是失卻平衡或自欺欺人的做法，也往往被視為企業加強商譽形象的短線公關宣傳伎倆。

一些企業為追求「良心企業」名銜或「商界展關懷」認證，往往臨急舉辦義工活動，或向非政府組織（NGO）捐贈物品，但對 NGO 要求多多，只求時數與人數，少談質素與效益，抱着「剝格仔」的心態行事，令 CSR 概念變質。

由於缺乏對「持份者理論」的承諾，企業之公益 CSR 活動經常因為需要考慮股東利益而受到限制。當企業盈利或股價受壓時，非股東持份者的利益往往被置諸一旁，變成次要。換句話說，企業是否良心企業及對 CSR 的承諾很多時會隨着其盈利或股價狀況而改變。相反地，如企業誠心堅持「持份者理論」，負責任企業就會在任何經營環境中都履行社會契約責任及兼顧不同持份者的利益，而非出於偶然或有附帶條件。雖然公益性 CSR 將繼續盛行，但企業的正當性卻仍受到質疑。

（B）創造共享價值（CSV）

創造共享價值（CSV）為哈佛學者 Porter and Kramer 建立的營商理念，強調一方面提升股東的經濟價值，同時也要透過商業模式解決一些社會問題，即視某些社會問題為商機。但多份文獻已指出這個概念並無新意，是已知的一些管理常識，只是策略性 CSR 的變版。

雖較注重製造社會價值，CSV 仍假設 MSV，並忽略其他非股東持份者的利益。再者，很多大企業只會對某些有巨大生意潛力的社會議題感興趣，往往忽視其他較欠缺商機的社會問題。CSV 也忽略了經濟與社會目標的潛在衝突。

（C）B型企業

B 型企業（Benefit Corporation，簡稱 B Corp.，又稱「共益企業），是一種介乎社會企業與主流企業之間的新形態企業，也是近年一個環球抗衡「賺到盡」的社會運動。其公司章程明確地說明，要在賺錢分紅之餘，解決或舒緩一些社會問題，以市場力量改善這個世界，而非只顧賺到盡。由於公司章程已界定了公司的目標和董事責任，這可保護其董事不會因照顧其他非股東持份者的利益而遭股東控告。與一般社企不同，雖然他們一般都把賺錢放在次要，但 B 型企業股東卻可賺取高投資回報。

B Corp. 是在 2007 年由美國一間非牟利組織 B-Lab 發起並推出的認證制度，以確保會員公司依法滿足既訂的公益及

環保標準。經過相互協議，B Corp. 之間的交易可互供優惠。在美國現時大多數州已立法批准公司註冊成為 B Corp.，發展至今全球六十個國家已有幾千間經認證的 B Corp.，而在大中華地區則仍在起步階段。

　　B 型企業的成立、認證和推動，等如鼓勵絕大多數良好市民去警局申請「良民證」。可惜，B Corp. 運動可說是無奈默許主流牟利企業可繼續採用 MSV 教條（即凡事以股東利益為先），這似乎違背了本文倡議企業返回持份者為本的模式。事實上，如果法律已清楚說明公司董事需照顧其他非股東持份者利益，就沒有設立 B 型企業的需要。只要能徹底奉行「持份者為本」的管治模式，主流企業與 B 型企業的分界線就會變得模糊。當然擁有 B 型企業的名稱，可吸引更多「負責任」的投資者、員工、顧客、供應商的參與，更可集中處理一些聚焦的公共或公益議題。

　　另外，因 B 型企業的集資來源狹窄、股東利潤分配有限制、捐資者未能扣稅等問題，局限了其增長與影響力。社企和 B 型企業雖然有其輔助補充主流企業的功能，但卻不是創造公益價值的最有效方法，相信改變社會的主要力量仍要靠傳統主流牟利企業的自身改革與投入。

推動「持份者為本」管治模式

　　要確保經濟、社會及環境的可持續發展，我們必須將現有偏差的觀念摒除，重新思考商業道德、可持續發展與企業

社會責任的真義。我們要重新了解企業的目的，是要為不同持份者創造長遠價值，而非只為股東賺最多的錢。這些價值目標包括重新構建一個更平等、公正、互信、共贏、關愛與和諧的社會環境。

我們要改變以股東利益為上的市場慣例，並要在大學商學院內教導學生認識企業的社會契約本質和不同持份者的參與角色，共同推動建立新一代的「持份者為本」（stakeholder-based）企業管治模式。

在這個模式下，嘗試提出幾個實務建議。首先，透過修訂公司法及公司章程，企業要將董事及高層管理的法定授信責任擴展至所有主要持份者，容許非股東持份者有法律權利在法庭挑戰董事會決定。第二，企業要改革其董事會組成，重新思考董事的公共角色，並將至少一個席位撥給員工代表，甚至逐步納入其他主要非股東持份者的代表。

第三，企業高層也應積極考慮設立一個持份者諮詢議會（Stakeholder Advisory Council），將不同持份者代表放在同一會議桌上，共同商議公司的未來發展方向和對重大決策作諮詢。

第四，在管理層薪酬獎賞制度上，筆者建議將獎賞機制更多與公司產品市場表現、非股東持份者的評價，以及其他非財務表現指標作掛鈎，並逐漸減少或取消發行高層股份期權獎賞計劃。

第五，在普通員工薪酬上，筆者建議公司高層可承諾將每年純利的如不少於百分之三十作為中下層員工花紅獎賞，

並將高層與低層員工的薪酬差距盡量縮小，以減少貧富懸殊的趨勢。企業亦應給予前線低層員工更合理的待遇，以及優化員工的退休福利。

第六，建議企業高層在任何時間都應主動推行至少一個大型與基於自己核心業務的社會創新計劃，以幫助解決某些急切社會問題及強化公民社會基礎，並利用這些創新項目為企業開設新的業務增長點。這些創新計劃可以由企業單獨進行，也可以聯同其他企業、政府、社企或非政府組織一起合作進行，以促使意念和資源的自由流通，將可引發更多創新想法以解決更多急切的社會問題。

總結

要建立新一代負責任的商界領袖，我們必須重新理解公司的目的和責任，而這個重回持份者為本的管治模式的轉變需要一個過程。這有賴地區內少數有遠見、有智慧的商界領袖與商學院學者作為先行者的角色，率先帶領整個運動的推進。相對西方市場，大中華地區的企業大多為家族控股及管理，家族經營理念清晰及較看重持份者長遠價值。因此，有抱負和社會責任感的家族企業領袖可成為推動「持份者為本」模式的先鋒，任重而道遠。

最後，企業高層除收取豐厚薪酬外，也要把其事業視為一個崇高的感召，工作要有真實內涵與意義，須找尋更高層次的人生目標，為不同持份者創造更多價值。這種人文博雅

的管理理念（Management as a Liberal Arts）會令管理人的工作更感實在和有意義。只有這樣，我們才可看到自由市場、企業與大學教育的未來。

何順文教授

香港恒生大學校長

導論篇

第 1 章

甚麼是企業管治

　　企業管治（corporate governance），也稱為公司管治或公司治理，是近代工商管理學中一個重要的課題。不同領域的學者，用不同的方法，包括經濟學、會計學、財務學、法學、管理學、心理學、社會學、政治學、公共行政學，嘗試對這個領域進行研究。

　　究竟企業管治是甚麼？著名管治學者鮑勃特里克（Bob Tricker, 2015）曾指出，管治最終的課題是企業怎樣有效地運用公司的制度，令公司井然有序，業務蒸蒸日上。經濟合作暨發展組織（OECD）在 2001 年的報告中亦指出，企業管治的目的是建立有效的制度令持份者（stakeholders）的意願得以在機構內遵行。這一派着眼公司的制度及程序，稱為運作觀點（operational perspective）。實務人員及企業管治的專業團體常常採用這觀點，是因為這觀點涵蓋了實務人員的日常工作，包括董事會和股東大會的運作、公司法和證券法的執行、訊息披露、公司秘書（內地稱為董事會秘書）部門的操作等。

　　此外，亦有學者將企業管治界定為股東、董事、管理人員的互動關係。研究企業管治的社會學家較喜歡用這

種觀點。要注意管理層與員工的關係不包括在管治裏面，由於他們的互動會影響日常公司的運作，故此屬於管理（management）的範疇。然而，股東、董事與管理層的互動卻複雜得多，董事與管理層所涉及的工作影響亦較為深遠，包括企業策略規劃及企業重大決策，涉及的訊息差異也較大，他們還需遵守上市公司法例的規定。學者將這部分歸納為管治（governance）範疇，這種股東、董事與管理層的互動的研究，我們稱之為關係觀點（relationship perspective）。

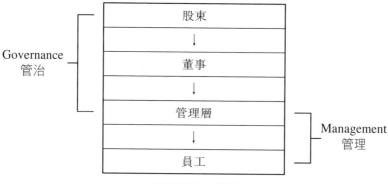

企業管治架構圖

經濟學者對企業管治的定義較直接，哈佛大學學者施萊弗及維甚尼（Shleifer A, and RM Vishny, 1997）認為，企業管治是公司為了保障股東獲得合理回報的大前提下，訂下來的制度和程序。這定義雖然簡單，但指出了企業管治的最主要目的，是股東透過機制和程序，對管理層作出合理的制約，免受代理人（管理層）不當的侵害，並保障股東在公司的投資。這種見解統稱為財務經濟學觀點（financial economics perspective），採用此觀點的多數為經濟學者，他們往往亦認同經濟大師佛烈曼（Milton Friedman）的説法，認為企業的唯一目的是合法地為股東創造利潤，企業只需對股東負責，對其他持份者沒有必然的責任。

企業只需對股東負責的觀念，顯然具有爭議性。企業不良的產品，對顧客的健康造成壞影響，企業生產時所導致的污染，對周邊市民帶來環境損害。社會活躍分子和立法者往往與持份者觀點（stakeholder perspective）相同，覺得企業應對所有受到公司決策影響人士，包括顧客、員工、供應商、債權人、社區其他人士及政府都要負責。此觀點將商業機構視為企業公民（corporate citizen），是社會契約簽訂者之一。企業與各持份者的關係為社會契約，彼此約束，企業公民需要為整個社會的福祉負上一定的社會責任。假如企業不負社會責任，只顧牟利，對他人或其他企業造成傷害，它就是違反社會契約。近期香港及英國的公司法修訂，也規定董事作決定時要顧及對其他持份者的影響。

然而，這個觀點本身不無弱點，因為各持份者本身利益亦有衝突，要提供更多的員工福利，必然有損股東的盈利，要提供環保產品，生產成本亦會增加，如何平衡各持份者的利益，是管理層的挑戰。而這觀點的背後是管理層要對不同持份者負責，但是除了股東，其他持份者都沒有公司的擁有權，法理上除非公司犯有損害持份者利益的情況，否則持份者是不能要求企業服從他們的訴求。可口可樂前總裁戈伊蘇埃塔（Reberto Goizueta）認為，公司不能侍奉各個主人，

最重要的原則還是為股東創造最大價值。英國在 1998 年的漢佩爾委員會中（Hampel, 1998）亦認為：「董事應維持與各持份者的關係，但只需向股東問責。」其他學者如費里曼（Edward Freeman）則深信，企業如要健康持續地成長，必須平衡各持份者的利益，而非只照顧股東利益。

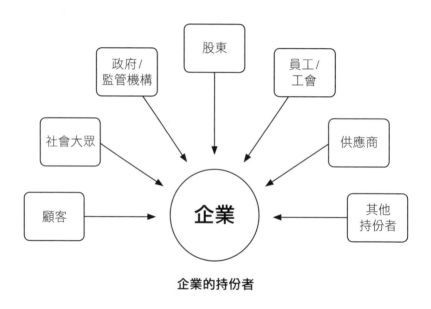

企業的持份者

最後，有學者強調企業管治的好與壞，是跟社會制度息息相關。這些制度包括公正透明的司法制度、獨立的傳媒和廉潔有效的政府。即使企業有良好的管治，但沒有相關的配套也是事倍功半，我們將這種看法稱之為社會觀點（societal perspective）。政治及公共行政學學者普遍抱持此觀點，並研究制度對企業管治的影響，有些文獻也稱這觀點為制度（institutional perspective）觀點。

總結

　　總括來說，研究企業管治的學者及從事管治的從業員，為數着實不少，實務人員喜歡採用運作觀點，不同的學者於其各自領域的研究導向，有不同的觀點。經濟學家喜用財務經濟觀點，社會活躍分子和立法者往往採用持份者觀點，社會學家喜用關係觀點，而制度學者則喜用社會觀點。但是無論觀點如何，企業管治的最終目的是將公司有效控制，確保股東和其他持份者的利益得到保障。

　　　　　　　　　　　　　　　　　　（林自強、李巧兒）

參考資料

Friedman, M. 1970. "The Social Responsibility of Business is to Increase its Profit," *The New York Times Magazine*. September 13, 1970.

Hampel, R. 1998. *Report of Committee on Corporate Governance*. London: Gee Publishing.

Shleifer, A. and R.M. Vishny. 1997. "A Survey of Corporate Governance," *The Journal of Finance*, 52(2): 737-783.

Tricker, B. 2015. *Corporate Governance: Principles, Policies and Practices* (International Third Edition). Oxford: Oxford University Press.

第 **2** 章

企業管治理論

　　企業管治的需求源自現代企業的演變，伯利與米恩斯（Berle and Means, 1933）認為在工業革命前，企業的結構很簡單，股東、廠長和工人往往是同一批人，即使需要招聘工人，股東/廠長亦可以現場監督工人，其時的管治問題不大，股東跟管理人的訊息差異也不大。但是隨着工業發展，企業規模變得愈來愈大，企業的股東不再是管理人，管理人也不可能同時是工人，例如一些大企業的股東可以數以十萬計，散居於世界各地，導致股東跟管理人的訊息差異變得愈來愈大，由於股東不熟習公司的運作，因此需要聘請代理人管理公司，而這些代理人往往是專業管理人員。

代理人理論

　　代理人問題的出現是由於委託人（principal）和代理人（agent）的利益不一致。委託人作為企業股東固然希望公司的股價蒸蒸日上，令自己的財富不斷增長，但這些工作都需要企業管理層（代理人）代勞。企業管理層亦有自己的目的和盤算，他們希望自己日常工作能夠安穩舒適，不想冒太大的

風險，更會要求豐厚的薪酬，小部分亦可能濫用公司的資源及時間，如以企業支出報銷個人消費，濫用權力從而獲取個人利益，這都是不同的代理人問題。這些行為使股東處於劣勢，並損害股東利益。代理人問題的發生反映代理人（管理層）及委託人（股東）雙方具有不同的利益考慮。

　　代理人問題出現的另一原因，是企業管理層和股東雙方處於訊息不對稱之中（asymmetric information），企業管理層擁有資訊優勢（information advantage），他們比股東更了解公司的運作情況。由於所有權和經營權分離（separation of ownership and management），管理層負責企業日常營運，手握更多企業訊息，而股東卻處於訊息劣勢之中。由於訊息不對稱，股東不可能直接觀察和監督管理層的工作，亦難以監督管理層是否以股東的利益行事，故此股東需要付出高昂的監察成本（monitoring cost），以避免管理層對股東有所剝削。企業管治的其中一個主要課題就是怎樣通過程序和制度設計，解決代理人問題。

　　解決代理人問題的方法可以是一套完善的內部監控制度（internal control system），包括表現評估系統（performance evaluation）、激勵系統（incentive system）、訊息披露（information disclosure）制度和較完善的會計制度。現代代理人理論（agency theory）或委託人代理人矛盾（principal agent conflict）的文獻研究，是以詹森與麥克林（Jensen and Meckling, 1976）開始，研究文章自此陸續不絕。

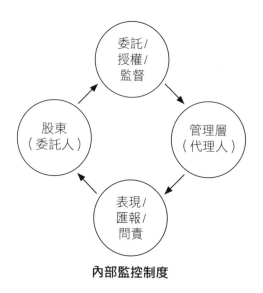

內部監控制度

管家理論

　　有學者認為代理人理論只是新瓶舊酒，早期西方文化對代理人問題早有描述，我們將這方面的論述稱之為管家理論（stewardship theory），管家理論強調僕人需要對主人盡忠職守。聖經有三個管家的比喻，故事是這樣的：有一主人要外出遠行，他叫三位管家來，把產業交給他們。主人按照管家們各人的才幹，一個給了五千塊錢，一個給了兩千，一個給了一千，然後動身走了。那領五千塊錢的，立刻出去做生意，賺了五千；那領兩千塊的，也賺了兩千塊錢；可是那領一千塊的，只在附近的地上挖了一個洞，把主人的錢埋起來。過了許久，那個主人終於回來，跟僕人們結帳，論功行賞，獎勵了努力為主人工作的頭兩位管家，卻責罵了敷衍塞責的第三位。可見在西方文化裏，代理人要盡己所能，回報

委託人的信任，這概念早已有之。但是管家理論假設主人和管家的利益一致，沒有想到當利益不一致時的情況。

交易成本理論

交易成本理論（transaction cost theory）也有探討企業管治問題，此理論源自著名經濟學者高斯（Coase, 1937）有關公司理論的研究，再經由威廉姆森（Williamson, 1979）等學者發揚光大。高斯指出為何公司要自己製造產品，而不在市場購買？原因是市場購買的費用，比內部生產更昂貴。根據高斯的說法，交易成本（亦稱交易費用）包括搜尋成本（尋找交易對手的成本）、協議成本（交易對手談判及協商的成本）、契約成本（簽訂契約的成本）、監督成本（監督對方是否依約執行的成本）及執行成本（簽約後，當交易一方違約時，另一方要求履行合約的成本）。即是說公司存在的原因，是因為公司自家製造的產品，比市場供應的產品還要便宜。但是當公司規模愈來愈大，這種成本優勢便會消失。威廉姆森認為企業可以改善管治架構，控制及降低交易成本，制衡各種令成本上漲的誘因，從而維持企業優勢。

資源依賴理論

另一個和企業管治有關的理論是資源依賴理論（resource dependence theory），根據這理論，董事會是企業與外間機構

的最重要聯繫點。這些外間機構包括公司的顧客、資本市場的參與者、技術及知識的擁有者、政府及其他可能提供寶貴資源的人士和機構。而董事的作用是擔當公司與這些寶貴資源的聯繫點（Pfeffer, 1972），適時地將寶貴的資源提供給公司。這個理論很有趣，和以上幾個理論不同。代理人、管家和交易成本等理論着重企業管治的監督作用（conformance），而資源依賴理論卻重視董事局在監管以外的貢獻，特別是怎樣幫助公司獲取不同資源（包括融資、科技、資訊、知識、人才等）的表現（performance），董事局的工作也從監管（monitoring）為主，變成顧問（advising）為主，重視怎樣幫助公司在競爭環境中走向成功。

總結

總括而言，大部分企業管治的文獻都着重監察、制衡和遵守法規，文獻重視企業管治的遵行部分（conformance），因為不能遵行，代理人便可以為所欲為，導致機構的衰敗。但是監察、制衡和遵守法規只是企業管治的一部分，另一重要部分是董事會作為企業的最高決策機關，怎樣帶領機構有所表現，這關乎企業管治的表現（performance），良好的企業管治要二者共存，並行不悖。

（林自強、李巧兒）

參考資料

Berle, AA. and GC Means. 1933. *The Modern Corporation and Private Property*. New York: MacMillan Co.

Coase, RH. 1937. "The Nature of the Firm, "*Economica*, 4(November): 386-405.

Jensen, MC and WH Meckling. 1976. "Theory of the Firm: Managerial behavior, agency costs and ownership structure," *Journal of Financial Economics*, 3(4):305-360.

Pfeffer, J. 1972. "Size and Composition of Corporate Boards of Directors: The Organization and its Environment," *Administrative Science Quarterly*, 17:218-228.

Williamson, OE. 1979. "Transaction Cost Economics: The Governance of Contractual Relations," *The Journal of Law and Economics*, 22(2):233-261.

第 3 章

香港企業管治的監管架構

規管香港上市公司的法例和規則如下（詳見 Jones，2015，特別是第二至第五章）：

（1）香港法例第 571 章《證券及期貨條例》（Securities and Futures Ordinance, Cap. 571）

（2）香港交易所上市規則（Listing Rules），特別是附錄十四《企業管治守則》及《企業管治報告》（Appendix 14: Corporate Governance Code and Corporate Governance Report）

（3）公司收購、合併及股份回購守則（The Codes on Takeovers and Mergers and Share Buy-backs）

（4）香港法例第 622 章《公司條例》（Companies Ordinance, Cap. 622）

（5）香港法例第 32 章《公司（清盤及雜項條文）條例》（Companies（Winding Up and Miscellaneous Provisions）Ordinance, Cap. 32）

（6）香港財務報告準則（Hong Kong Financial Reporting Standards）

（7）組織章程細則（Articles of Association）

上市公司要遵守這七個法規，非上市公司只要遵守後四個法規（4-7）即可，海外註冊公司雖然和本地公司的要求不同，但也要遵行《公司條例》內非本地公司的要求。

香港最早的公司條例於 1865 年訂立，是根據 1848 年英國的公司法而訂。1960 年代香港商業活動開始頻繁，政府於 1962 年成立公司法改革委員會（Committee on Company Law Reform），特別強調保護投資者和債權人的利益及防止欺詐行為，1965 年的連串銀行倒閉和擠提，令這任務更形重要。自 1984 年起，香港漸漸變成一個舉足輕重的國際金融中心，公司法改革更形迫切，於是政府成立公司法改革常設委員會（Standing Committee on Company Law Reform），檢討董事會功能、小股東保障以及訊息披露。這些改革的努力，使香港企業管治的質素跟世界其他先進地方接軌，引領了香港新公司法在 2014 年生效。

另一方面，香港第一間證券交易所於 1891 年成立，後來陸續地成立了四間交易所，包括香港交易所、九龍交易所、遠東交易所和金銀交易所，這四間交易所於 1986 年合併成為聯合交易所（簡稱聯交所）。1987 年 10 月發生了世界性的股災，數日間，香港股市市值下跌了三成，事件給予香港政府進行重大金融市場改革的機會，《證券及期貨條例》於 1989 年訂立，證券及期貨事務監察委員會（簡稱證監會，Securities and Futures Commission）於同年成立，為香港三層監管架構開路（Three-tiered System of Securities Regulation）。

香港的三層規管架構

　　香港上市公司的監管可以以三層規管架構來描述，最頂層的是香港政府，香港政府的監管角色是負責訂立整體政策，但不會干預日常證券及期貨市場的運作。香港政府的財經事務及庫務局（Financial Services and the Treasury Bureau）專責金融業整體發展，令監管質素與時並進，但是工作都是在政策層面上，主要的監管職能，由屬於第二層規管架構的證監會負責。但是政府可以根據《證券及期貨條例》第 11 條，經與證監會行政總裁商議後，基於公眾利益，向證監會發出書面指示。

　　第二層規管架構的主要組織是證監會，證監會於 1989 年成立，是獨立的法定機構，負責監管香港證券及期貨市場的整體運作。《證券及期貨條例》及其附屬法例賦予證監會調查、糾正及紀律處分權力。證監會獨立於香港特別行政區政府運作，而經費主要來自交易徵費及牌照費用。證監會的主席是由香港特別行政區行政長官所委任及罷免，行政長官有權委任其他董事。證監會主要職責是負責監管整體資本市場的運作，包括維持和促進證券期貨業的公平性、效率、競爭力、透明度及秩序。證監會將監督上市公司的權力，下放予香港交易及結算所有限公司（Hong Kong Exchanges and Clearing Limited），即規管架構中的第三層。

　　規管架構中最底層的是香港交易及結算所有限公司（簡稱港交所，HKEx），港交所旗下包括香港聯合交易所有限公

司（The Stock Exchange of Hong Kong Limited）、香港期貨交易所有限公司（Hong Kong Futures Exchange Limited）、倫敦金屬交易所（London Metal Exchange）及五間結算所（Clearing Houses）。證監會於 1991 年跟港交所簽訂備忘錄，將所有上市有關的日常運作及工作下放予港交所。港交所最重要的委員會是上市委員會，負責審批上市事宜。香港政府有權委任港交所主席及一定數目的董事。上市委員會的成員必須由港交所的提名委員會提名，提名委員會包括三名獨立董事、港交所主席及證監會兩名執行董事。

特區政府
（政策制訂）

香港證監會
（資本市場監管）

港交所
（資本市場日常操作）

香港的三層規管架構

　　香港的上市公司其實只佔香港公司總數的小部分，香港大部分公司都是非上市公司。 非上市公司不受《證券及期貨條例》和《上市規則》的監管，但必須遵守《公司條例》。《公司條例》規定公司的成立、管理、收購與合併、股票回贈和規定股東、董事和管理層的權責，以及對小股東的保障。另外，公司運作要符合組織章程細則所規定的程序，公司財務

報表要符合香港財務報告準則。本文只簡述香港企業管治的框架，陳耿釗、李梅芳及姚易偉在「進階篇」將討論香港的小股東權益保護，李梅芳、周懿行及黃純亦會更仔細地詳述香港的大股東操縱行為的監管。這兩方面都是香港企業管治的重要課題，其規管極為重要。

總結

　　香港上市公司的監管有三層架構的說法，架構最頂層的是香港政府，負責訂立整體政策，以確保金融市場的監管質素。第二層架構由證監會規管，負責執行《證券及期貨條例》和香港證券及期貨市場的整體運作。第三層規管是港交所，負責所有上市有關的日常運作和公司審批事宜。香港是世界舉足輕重的金融中心，金融市場的監管最為重要，故此無論上市或非上市公司，都有一定的相關的法例及財務準則要遵守。

（林自強、李巧兒、岑安心）

參考資料

Jones, G. 2015. *Corporate Governance and Compliance in Hong Kong.* Second Edition. Hong Kong: Lexis Nexis.

第 4 章

不同國家的企業管治模式

不同國家的企業管治模式會因為文化背景、法律制度、歷史等因素而有所不同，各地的股權結構、收購及合併市場的活躍程度，亦對管治模式有所影響。概括而言，學者將企業管治分為五個模式：（1）美國模式，（2）英國及英聯邦模式，（3）歐洲大陸模式，（4）日本商業網絡模式，（5）亞洲家族企業模式。

美國模式（US Model）

美國是經濟強國，上市公司很多是國際大企業，股權分散，國內收購合併層出不窮，而且訴訟頻仍，包括股東的集體訴訟。美國法律是建基於普通法（Common Law），很多管治研究文獻現時都假設企業管治是採用美國模式，但是這未免有點以偏概全，因為其他地方的企業並不一定採用美國模式。美國的董事會採取一元結構（unitary board），即只有董事會而沒有監事會，董事會的成員大部分是獨立非執行董事（獨董），只有很小部分是執行董事，很多上市公司唯一的執行董事，就是行政總裁。法例要求董事會內要有核數

委員會、薪酬委員會及提名委員會，而且這些委員會都是由獨董擔當的。美國企業股權分散，股東眾多，沒有真正的大股東，單一股東持股比例極少多於 2%-3%，所以對公司的決定影響極微，大股東可以欺壓小股東的機會不大。在美國模式下，企業管治最大的課題是解決股東與管理層之間的矛盾，例如股東怎樣激勵管理層，以令管理層的決策與自己目標一致。

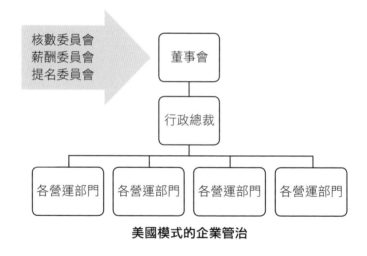

美國模式的企業管治

英國及英聯邦模式
(UK Commonwealth Model)

應用此模式的國家包括英國、加拿大、澳洲、新西蘭、南非、印度，香港亦受其影響。跟美國模式一樣，此模式的國家也是應用普通法（Common Law），但跟美國公司不一樣的是，這些國家或地方的企業股權沒有如美國模式般分散，

企業的管治模式卻跟美國模式相似，即董事會是採取一元結構，法例亦要求董事會內要有核數委員會、薪酬委員會及提名委員會。美國的法例較為規例化（rules-based），條文寫得很詳細，不遵守的空間不大，而英國及英聯邦體系的法則卻是原則化（principles-based），亦採用遵守或解釋原則（comply or explain），企業執行與否的自主性相對較大。即是企業如果能自圓其說，法律並不強制採用某種規定，只要按公司述說的方法執行便可。採用英國和英聯邦模式的國家，獨立非執行董事的比例相對於美國模式的企業小，薪酬委員會及提名委員會並不是每間企業都有。而且這些委員會的委員，不一定全由獨董擔任。英聯邦成員國中，有些地區股權也較為集中，存在大股東欺壓小股東的情況。

歐洲大陸模式（Continental European Model）

歐洲大陸模式出現於歐洲大陸各個國家包括德國、法國、荷蘭、意大利等等，它們採用大陸法典（亦稱為拿破崙法典，Napoleonic Code）。歐洲大陸模式國家的資本市場沒有英美普通法系國家那樣蓬勃，企業融資往往是靠主要銀行的貸款。這些國家的董事會管治特色是其二元結構（two-tiered system），即既有行政會（executive board）亦有監事會（supervisory board）。行政會的成員是公司的執行董事和高級管理人員，監事會的成員包括股東委任的代表和員工代表。歐洲大陸模式是受到歐洲的社會民主思維影響，認為企業是

與員工等不同持份者共營的（co-determination）。其實在歐洲
大陸，每個國家執行大陸模式的方法也不完全一樣，而且家
族企業於某些國家較為普遍，例如瑞典與意大利，而荷蘭的
管治規定，則較受英美模式影響。中國的企業管治結構也借
用歐洲模式。

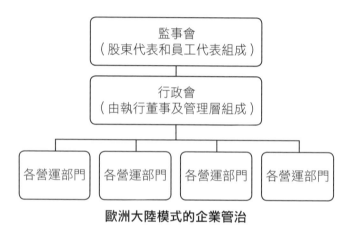

歐洲大陸模式的企業管治

日本商業網絡模式
（Japanese Network-based Model）

日本戰後發展了獨特的管治模式，日本主要的企業例如
本田、豐田等都是以企業集團（conglomerate）或系列（keritsu）
形式出現，機構龐大，集團裏包含了各個生產環節中不同組
件的製造商，集團往往以一間主要銀行為核心，對集團內各
公司進行融資。集團內各公司受銀行緊密監察，較少向公眾
披露，企業透明度相對較低。

　　日本企業管治制度之所以有這樣的安排，是因為企業主要資金來源是銀行及金融機構，個人投資者參與甚低。銀行本身是具影響力的主要股東，交互持有系內不同公司的股份，形成集團網絡內部互相支持配合的財團經營文化。因此，逐漸發展成為以銀行為核心，各公司互相持股的一系列衛星公司。

　　日本企業管治的特色是其董事局中，獨立董事的數目很少，不少董事是系內公司代表互相出任董事，公司間互相持股（cross-holding）的情況很常見，控股權密集，令到遭受敵意收購的機會很微。但卻導致每當出現企業醜聞時，就會出現互相包庇及隱藏的情況。

　　日本企業的決策方法是由上到下，又由下到上，目的是謀求共識的秉議制（ringi decision process）。奈何日本的大機構素來論資排輩，等級制度僵化，前線員工的創新建議猶如挑戰企業傳統精神，不利創新。除此之外，這種集團控股方法的好處是系內公司互相扶持，共渡難關，但這方法卻逃避了敵意收購的衝擊。有時敵意收購對企業創新是有好處的，可以將拙劣的機構收購，將無能的員工清除，從而改善企業表現。而且隨着科技的發展，企業新陳代謝情況必然出現，日本這自保的制度，阻止了奧地利學派經濟學大師熊比特（Schumpeter, 1942）所強調的創意毀壞（creative destruction）所帶來的好處。基於日本近二十年的經濟下滑，很多學者認為商業網絡模式不利創新。

　　日本近年正着手改善企業管治。日本企業的交叉控股行

為，在近年似乎也有下降之勢。在 2015 年生效的「企業管治守則」中，明確要求企業需披露其交叉控股的情況以及背後的原因，企業因而努力改善這種情況。

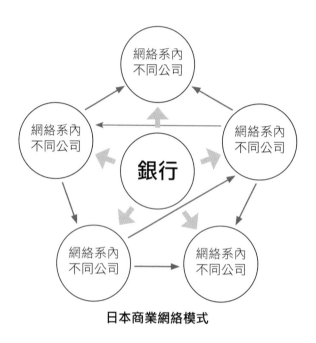

日本商業網絡模式

亞洲家族企業模式（Asian Family-based Model）

香港的上市公司有不少是家族企業，這類企業往往是由上一代創業，下一代傳承。世界上最古老的家族企業是日本家族企業 Hoshi Ryokan，自公元 718 年以來由同一家族「法師家族」擁有和經營的溫泉旅館，是一家傳承了 46 代、1300 年的家族企業。家族企業在亞洲如新加坡、馬來西亞、台灣及印尼等地也非常普遍。家族企業的大股東、企業高層以至

公司董事往往都由家族成員擔任，族中的長者會擔任集團的總裁或董事長。家族企業的表現不一定不如其他企業，安德森氏等（Anderson and Reeb, 2003）的家族企業研究發現，美國的家族企業的表現，比非家族企業的表現為佳。這也不難理解，家族成員間的代理人問題會較少，家族同心，其利斷金。家族企業大多數股權及投票權被創辦人家族掌握，有意將企業代代相傳，家族成員自然會更全情投入，更着重傳承經營知識與經驗。由於家族聲望與企業榮辱與共，所以更重視企業產品的可靠性及商業道德操守。但家族企業持股集中，透明度較低，較有可能忽視小股東權益，或會從事一些利己但犧牲小股東利益的活動，以致大股東剝削小股東利益時有所聞。

當家族的大當家垂垂老矣，便會產生很多爭產、分家、爭權奪利的糾紛，如何處理繼承問題（succession plan）是家族企業一個重要環節。為免家族成員之間出現糾紛，不少家族企業會制訂「家族憲章」來約束家族成員在企業中的行為。「家族憲章」制訂家族企業營運的原則、核心價值、遠景和使命，並要求家族成員遵守。此外，又會設立「家族議會」、「家族委員會」等平台讓家族成員發表意見，以及處理整個家族的事務。

總結

現存的管治模式，包括美國模式、英聯邦模式、歐洲大

陸模式、日本商業網絡模式及亞洲家族企業模式，企業管治
模式往往隨着社會的文化因素、經濟發展及法律制度的差異
而有所不同。不同管治模式各有長短，很難說某一種制度比
較好。最合適的制度視乎每個國家不同的文化、法律及其他
因素。一個地方的管治不一定只受一種模式的影響，例如香
港企業管治既受英聯邦模式亦受亞洲家族為本模式的影響，
發展成獨特的模式。

（林自強、李巧兒）

參考資料

Anderson RC, and DM Reeb. 2003. "Founding family ownership and firm performance: Evidence from the SP500," *Journal of Finance*, 58(3):1301-1328.

Schumpeter, J. 1942. *Capitalism, Socialism and Democracy* (original published 1942). New York: Harper 1975.

第 5 章

企業管治與合規工作實務

　　企業管治的目的是解決企業中的代理人問題，保障股東應得的回報並維持董事會的順暢運作。事實上，很多工作崗位都與企業管治有關，例如會計、外部審計、內部審核及財務報告，這些都是通過財務匯報，讓股東可以監察企業，維持良好內部控制系統。雖然與企業管治有關，但這些財務安排卻不是專職企業管治工作，本章會詳細介紹另外兩種專門與企業管治有關的工作，包括：（1）公司秘書（董事會秘書）和（2）合規及風險監控。

公司秘書的工作

　　公司秘書（company secretary）在內地稱為董事會秘書（簡稱董秘），是董事會工作的負責人。公司秘書的日常工作與企業管治息息相關，包括：

（1）安排企業管治等有關的會議工作，包括股東大會、董事會及各委員會的會議。

（2）協助董事會、委員會及各董事履行職務，確保董事獲得所需的資訊。

（3）協助董事會維持和完善管治機制，包括新董事的提名和
培訓等。

（4）確保董事會的決定和有關的法規獲得遵守，包括《公司
條例》、《證券及期貨條例》及《上市規則》等。

（5）增加公司的透明度，確保公司對外的披露，尤其是股價
敏感消息，須予公佈的交易和關連交易等。

（6）記錄有關大股東、董事及總裁的權益和變動，適時對外
披露。

《公司條例》規定所有在香港註冊的公司都需要委任一位
公司秘書，上市公司的公司秘書需要符合港交所學術及專業
要求，以履行上市公司的公司秘書工作。目前港交所承認以
下資格人士可以成為上市公司的公司秘書：（1）香港特許秘
書公會的成員，（2）香港認可的律師或大律師，（3）香港的
專業會計師。具備這些專業資格，加上相關工作經驗，便可
成為認可的公司秘書。公司秘書是向董事局整體問責的，不
用向特定的董事負責，公司秘書從屬於董事局主席，其聘用
與解聘需由董事會通過；上市公司更需要發出公告通知股票
市場有關公司秘書任命的變動。無論上市或非上市公司，公
司秘書的變動都要適時地通知公司註冊處。

公司秘書的職責中，第一至三項較易明白，其他職務則
較為專門，但對維持資本市場的秩序亦很重要。很多人以為
訊息披露只是屬於財務總監的工作範圍，其實不然，公司秘
書是有法律責任確保公司遵守所有與公司管治有關的法規。
在香港，這些法規包括《上市規則》（Listing Rules）、《證券

及期貨條例》(Securities and Futures Ordinance)、《公司條例》
(Companies Ordinance) 及《公司收購、合併及股份回購守則》
(The Codes on Takeovers and Mergers and Share Buy-backs)。
這些條例中包括了公司公告等規定，而這些公告的目的是
將訊息盡快通知資本市場，但同時亦要確保公司的內部消
息得到保障。很多內部消息是股價敏感消息 (price sensitive
information)，公司秘書要確保在公佈前，上市公司內部的董
事及職員不可因為內部消息而獲利，因此有些通告是需要在
公佈前發放，相關股票亦可能要停止交易。公司秘書亦要負
責記錄大股東 (substantial shareholders)、董事及最高行政人
員 (directors and chief executives) 的權益 (interests) 及其變
動，這些權益變動也要合時地通知公司註冊處及對其他股東
披露。公司秘書亦可以以公司名義向某些人士詢問他們在公
司的權益情況 (包括沽空情況)，亦有權要求該人士確認或否
認他們在公司的權益，假如該人士沒有提供訊息，公司是有
權向該人士的股票或沽空命令發出凍結令。

　　除了股價的敏感消息外，須予公佈的交易 (notifiable
transaction) 及關連交易 (connected transaction) 的公告亦是
公司秘書的職責範圍。公告的事項包括企業對關連公司的財
務資助、貸款及擔保、大股東抵押股票、公司債務違約等。
此外為確保公司董事 (包括其配偶及子女) 不從事內幕交易，
公司秘書亦要告誡董事與其配偶及子女在年度財務報告公佈
前 60 日，或季度報告公佈前 30 日，不能進行與公司證券有
關的交易。總之公司秘書 (或董秘) 任重道遠，其工作是與公

司的企業管治質素有關，亦與香港金融秩序息息相關。

合規與風險管理工作

　　另一類與企業管治息息相關的工作是合規（compliance）工作，合規工作是確保公司遵守相關法規（詳情可參考第 3 章）。但是由於近二十年環球政治經濟的變化，洗黑錢及恐怖分子融資的出現，多國政府訂立了不少防止洗黑錢及反恐怖分子融資的法例，以確保不法分子不能利用銀行和國際貿易作為渠道以達到他們的不法目的，逐漸地這類盡職調查（due diligence）已成為合規工作重要的一部分。這也不難理解，因為合規工作做得不好，代價會很大，不少國際金融機構被罰數以億元的罰款，就是這方面做得不完善。表面上，合規跟企業管治並沒有必然的關係，但是良好管治的公司，是有一套完善的制度和程序，合規就是確保這些良好的制度和程序，能確切執行。而且追蹤嫌疑人士是怎樣利用公司及其他渠道去洗黑錢及融資，是公司秘書訓練的一部分。

　　現時在新的公司秘書專業考試中，合規跟風險管理範圍的比重愈見重要，不少受公司秘書訓練的專業人士，亦從事合規及風險管理的工作。香港法例第 615 章《打擊洗錢及恐怖分子資金籌集條例》2018 年第 4 號第 3 條修訂，亦規定公司服務提供者（corporate services provider）包括專業的公司秘書服務公司，需確保其客人不利用新成立的公司作為洗黑錢和恐怖分子融資渠道。專業的公司秘書服務公司紛紛成

立合規和風險管理部門，為上市公司及財務機構提供相關服務，亦是該等公司增長最高的業務。

特里克（Tricker）於 2012 年發表的研究報告中指出，香港的公司秘書或內地的董事會秘書都廣泛地被其他行政人員認定是公司的最高層管理人員，調查發現他們會花平均 33% 的工作時間於確保公司遵守相關法規，25% 用於董事會及相關的委員會的工作，15% 用於給董事及高級管理人員提供諮詢和建議，其他 15% 是用來跟股東溝通。針對於打擊洗錢及恐怖分子資金籌集的合規工作愈來愈重要，香港特許秘書公會於 2016 年也發出指引（HKICS, 2016），列明適當程序和步驟，有興趣的讀者可瀏覽相關網頁。

總結

總括而言，近代企業對企業管治及合規人才的需求愈來愈大，包括負責董事會工作的公司秘書，亦包括合規和風險管理。各國對企業監控愈見嚴謹，這類人才的需求愈見殷切。在「進階篇」中，將會有篇章談及不同的實務工作，包括李康穎、張婉儀、楊麗群探討非政府機構的管治問題，鄭嘉駿亦會探討資訊科技怎樣提升公司管治的能力。

（林自強、李巧兒、岑安心）

參考資料

HKICS. 2016. *Anti-money Laundering and Counter-terrorist Financing Guideline*. The Hong Kong Institute of Chartered Secretaries.

Tricker, B. 2012. *The Significance of the Company Secretary in Hong Kong's Listed Companies*. The Hong Kong Institute of Chartered Secretaries.

第 6 章

企業管治原則

我們提過企業管治的最重要功用是解決代理人問題，代理人問題是由於委託人（例如股東）與代理人（例如管理層）的利益不一致，以致代理人有企圖去謀取私人利益，對股東的利益有所侵害。近二十年企業管治的發展，似乎創造了一套控制代理人問題的新規律。這套規律主要是跟董事角色、董事會結構、訊息披露和股東權力的運用有關。主要如下：

（1）董事的角色和功能

（2）主席和行政總裁的分工

（3）董事委員會的專職工作

（4）董事考勤和培訓

（5）訊息披露

（6）股東權力的運用

董事的角色和功能

董事有不同的種類，一般可以分為執行董事（executive director）、非執行董事（non-executive director）和獨立非執行董事（independent non-executive director）三種。執行董事

（簡稱執董）參與公司的日常運作，他們是公司的管理人員。非執行董事（簡稱非執董），不是公司的管理人員，也不參與公司的日常運作，但不被視為獨立，因為他們可能與公司行政人員或大股東有親屬關係，他們也可能是公司以往的行政人員或仍擁有公司的一定股份。獨立非執行董事（簡稱獨董）既非公司管理人員，在其他方面亦跟公司行政人員和大股東沒有關係，只擁有公司象徵式數目的股份，甚或一些股份也沒擁有。

在企業管治制度設計上，獨董被視為最適合擔當監管工作，因為他們最具獨立性；非執董在監察上也會被認為比執董為佳。所以大部分國家都要求董事局有一定數目的獨董，例如香港的上市公司最少要有三名獨董，而美國管治模式公司的董事局的獨董人數更多。特定有監察任務的委員會，包括審計委員會、薪酬委員會及提名委員會要有一定數目的獨董，確保監察的質素。美國模式要求董事會的提名委員會、薪酬委員會及審計委員會所有委員都要是獨董；香港的要求較低，主要委員會要有一定數目的獨董，不用全都是獨董，而且基於遵守或解釋原則（comply or explain），委員會的主席也不一定是獨董。但是香港證券法規定上市公司在重大的交易前，需要成立獨立諮詢委員會（independent advisory committee）以建議小股東應否批准該交易，而該獨立諮詢委員會的委員需全數由獨董擔任。

董事的角色身份和分工	
董事會角色	**分工**
執行董事	執行董事參與上市公司業務的日常運作。
非執行董事	非執行董事不屬於上市公司管理層，亦不視為獨立。
	要時刻知悉上市公司業務的最新發展，參與制訂董事會的戰略目標，亦應該參與監察上市公司在實現既定企業目的及目標的表現，並監督相關匯報。
獨立非執行董事	符合《上市規則》項下獨立性準則的獨立董事。
	要時刻知悉上市公司業務的最新發展，參與制訂董事會的戰略目標，亦應該參與監察上市公司在實現既定企業目的及目標的表現，並監督相關匯報。
	未必是業內人士或專家，但可能具備其他方面（例如法律、會計、房地產、資訊科技等）的技巧及經驗，有助強化董事會成員在技巧、經驗及多元觀點方面的組合。

資料來源：港交所《董事會及董事指引》

董事會主席和行政總裁的分工

　　董事會主席及行政總裁應由不同人士擔任，好處是他們可以分工，董事會主席負責董事會的運作，而行政總裁則負責公司日常營運；即是董事會主席負責企業管治中的監察部分（conformance），而行政總裁則負責公司的營運，即企業的表現部分（performance）。分工的好處是兩者可以互相制衡，公司不會由一人獨斷獨行；壞處是如果雙方關係不好，

公司就很難運作。英國的法例規定，英國企業的董事會主席
及行政總裁要由不同人士擔任，而美國上市公司則沒有這樣
的規定，故此董事會主席往往由行政總裁兼任。香港上市條
例附錄 14 亦指出，行政總裁與主席之間的職責應該清楚分
工，如未能分工應作出合理解釋。

董事委員會的專職工作

　　董事會需要成立不同的委員會負責重要事項，以下的委
員會稱為常設委員會（standing committee），因為法規往往要
求每間上市公司都需設有以下的委員會：

（1）審計委員會：確保公司的帳目準繩可靠，以及審計得以
　　　順利進行。
（2）薪酬委員會：確保董事及高級管理人員的薪酬公平適當
　　　不過度，且能有效地鼓勵公司表現。
（3）提名委員會：避免被提名的董事只屬於行政總裁的友
　　　人，亦確保委託的董事都是有能力和獨立思考的人。

　　很多地方要求常設委員會的成員要由獨董擔任，以
免各重要決定由高級管理人員主導，阻礙了委員會的監察
能力。董事會亦可設立非常設委員會，例如戰略委員會
（strategy committee）、社會責任委員會（social responsibility
committee）、風險委員會（risk committee），但法例沒有規定
這些非常設委員會一定要設立，對委員會成員的要求也很寬
鬆，成員可由執董、非執董或獨董擔任。

董事的考勤和訓練

香港上市規則附錄十四「企業管治守則」中，要求所有董事應參與持續專業進修，更新其知識及技能，亦鼓勵企業定期評核董事會及各董事的表現，每名董事的會議出席率及其參與持續專業發展情況是企業要披露的項目。這些規定鼓勵董事盡忠職守，與時並進。在「進階篇」中，梁志堅、陳嘉峰及劉軍霞會更仔細闡述香港法例對董事的職責和要求、董事會架構及組成、董事會多元問題等。

訊息披露

西諺有云「陽光是最佳的消毒劑」（sunlight is the best disinfectant），要解決和控制代理人問題，其中最有效的方法，是將最可能出現代理人問題的地方，作出充分的披露，將代理人問題顯現出來，讓持份者監督，最好的例子是高級管理人員的薪津披露。香港上市條例規定，企業需要在年報中披露每位高級管理人員及董事的薪津。另一例子是公司的內部監控（internal control）情況，企業要披露內部監控風險，以及鑒定、評核和監控風險的方法。

香港對關聯交易及股價敏感消息的披露也很重視，因為不及時披露，內幕消息持有人會有很多謀利的機會，令小股東損失慘重。《證券及期貨條例》規定，公司在知悉股價敏感消息後，在實際可行程度下（as soon as practicable），公司要

檢驗消息的真確性，尋求法律及其他專業意見後，盡快公佈消息，並確保消息公佈前要絕對保密，以防有人從中圖利。

在《證券及期貨條例》下，進行內幕交易的人士將會受到嚴厲的懲處。證監會可透過民事及刑事機制打擊內幕交易。如果證據充分，犯案者會受到刑事檢控，一經定罪，進行內幕交易的人士最高可判入獄 10 年及罰款 1,000 萬元。此外，證監會的持牌人如被裁定進行內幕交易，會被撤銷牌照。由此可見，進行內幕交易是嚴重罪行。

股東權力的運用

在公司日常運作中，股東下放權力讓董事激勵及監察高級管理人員，但有些事項，卻不能假手於人，應由股東於股東大會親自決定：

（1）董事的任免
（2）董事袍金的制定
（3）核數師的任免及其酬金的制定
（4）董事報告，公司年報，核數師報告的審閱及批准
（5）確認並宣佈派發年度股息

重大事件例如發行新股票、私有化、收購合併等決定，也要交付股東大會或特別股東大會中通過。

總結

　　總括而言，企業管治是較新的學術領域，但是近年來，學術界及業界漸漸發展了一套規律，利用董事會、董事角色、董事會結構、訊息披露和股東權力的運用去解決代理人問題。有興趣的讀者可閱覽「參考資料」所提供的書籍作較深入探討。

（林自強、李巧兒）

參考資料

Jones, G. 2015. *Corporate Governance and Compliance in Hong Kong* (Second Edition). Hong Kong:Lexis Nexis.

Tricker, B. 2015. *Corporate Governance. Principles: Policies and Practices* (International Third Edition). Oxford: Oxford University Press.

進階篇

第 **7** 章

董事會權責及組成

在一般的公司架構裏，特別是對於上市公司而言，由於股東人數眾多，不可能直接參與公司的日常管理，故此他們需要選舉一些人代替其履行管理公司的責任，也就是我們日常所說的「董事」；而「董事會」則由董事組成，集體地代替股東們領導公司。董事是公司的重要職位，負起制訂公司策略及監控公司運作的重任，而董事會則是企業管治下一種重要的機制。2014 年生效的新《公司條例》更首次以成文法的方式闡述了董事的責任。本章以下各部分將簡介董事會的職能和組成，以及其相關的立法和規範。討論會傾向以上市公司的情況為重點。

董事的職責和要求

香港現行的《公司條例》（香港法例第 622 章）第 465 條明確要求，董事「須以合理水平的謹慎、技巧及努力行事」。而根據香港交易所頒佈的《主板上市規則》（以下簡稱《上市規則》）第 3.08 條：「董事可以將職能指派他人，但並不就此免除其職責或運用所需技能、謹慎和勤勉行事的責任。若董

事只靠出席正式會議了解該上市公司的事務，其不算符合上述規定。董事至少須積極關心該上市公司的事務，並對其業務有全面理解，在發現任何欠妥事宜時亦必須跟進。」進一步地說，根據《上市規則》附錄十四《企業管治守則》(以下簡稱《企業管治守則》)，其中的守則條文第 D.1.1 條訂明：「當董事會將其管理及行政功能方面的權力轉授予管理層時，必須同時就管理層的權力，給予清晰的指引，特別是在管理層應向董事會匯報以及在代表該上市公司作出任何決定或訂立任何承諾前應取得董事會批准等事宜方面。」故此，董事會一方面應授權管理層在日常運作方面替公司下決定，但亦需小心把握兩者權責的平衡，以期妥善管治公司的運作。

新《公司條例》和《上市規則》明文訂明董事的責任

　　現行的《公司條例》自 2014 年 3 月 3 日生效，這是監管香港公司和其董事的主要相關法例，取代了過去的舊公司條例。香港公司註冊處亦於同時間發行了新的《董事責任指引》，列出了公司董事責任的一般原則：

(1) 有責任真誠地以公司的整體利益為前提行事。

(2) 有責任為公司成員的整體利益並為適當目的使用權力。

(3) 有責任不轉授權力 (經正式授權者除外)，並有責任作出獨立判斷。

(4) 有責任以應有的謹慎、技巧及努力行事。

(5) 有責任避免個人利益與公司利益發生衝突。

(6) 有責任不進行有利益關係的交易，但符合法律規定者

除外。

（7）有責任不利用董事職位謀取利益。

（8）有責任不將公司的財產或資料作未經授權的用途。

（9）有責任不接受第三者因該董事的職位而給予該董事的個
　　　人利益。

（10）有責任遵守公司的章程及決議。

（11）備存妥善會計紀錄的責任。

有責任以應有的謹慎、技巧及努力行事

　　一般來說，董事為公司的高級人員（officers），對公司
負上法律上的受信責任（fiduciary duty），須從公司的整體利
益出發（而非只代表個別股東的利益），按公司規條和相關法
規，為適當目標行使管理公司的權力；並須避免利益衝突，
以及表現應有的謹慎、能力和勤勉。

　　在關於董事的責任方面，《公司條例》第 465 條以成文法
的形式說明董事「須以合理水平的謹慎、技巧及努力行事」；
而「合理水平的謹慎、技巧及努力」是指：（一）可合理預期
任何人在執行有關董事就有關公司所執行的職能時會具備的
一般知識、技巧以及經驗（一般稱為客觀準則）；以及（二）
該董事本身具備的一般知識、技巧以及經驗（一般稱為主觀
準則）。

　　在過去的舊公司條例，並沒有明確的條文說明有關於董
事「須以合理水平的謹慎、技巧及努力行事」，而董事的法律
責任主要源自於在普通法制度下過往的判決案例。按香港公

司註冊處的簡介（新《公司條例》第 10 部簡介—董事及公司秘書）：「舊案例所採用的標準把重點放在董事本身具備的知識和經驗上（主觀準則），現今被視為過於寬鬆。愈來愈多其他可資比較的司法管轄區的司法機構採用一套混合客觀及主觀準則，以釐定董事以謹慎、技巧及努力行事理應達到的標準。為向董事提供清晰的指引，新條例納入混合客觀及主觀準則，以釐清董事有責任以謹慎、技巧及努力行事的標準。」

由於《公司條例》在上述方面的改變，個別董事不能再以自身知識和經驗水平之高低作辯解，而是須合乎一較為客觀的起碼水平。跟過去一樣，若公司董事違反上述責任，可能會面對股東或其他相關人士的訴訟，並負上法律責任。

與此同時，根據《上市規則》第 3.08 條，香港上市公司的董事會須共同負責管理與經營業務，而各董事須共同與個別地履行誠信責任及應有技能、謹慎和勤勉行事的責任，而履行上述責任時，至少須符合香港法例所確立的標準，即每名董事在履行其董事職務時，必須：

（1）誠實及善意地以公司的整體利益為前提行事。

（2）為適當目的行事。

（3）對發行人資產的運用或濫用向發行人負責。

（4）避免實際及潛在的利益和職務衝突。

（5）全面及公正地披露其與發行人訂立的合約中的權益。

（6）以應有的技能、謹慎和勤勉行事，程度相當於別人合理地預期一名具備相同知識及經驗、並擔任發行人董事職務的人士所應有的程度。

董事的出任資格和持續進修

　　董事責任重大，出任此職者宜具備一定水平的能力和品格。那現時香港的情況又是如何的呢？《公司條例》第 459 (1) 條規定了出任董事者必須年滿 18 歲，但在資歷方面卻無特定要求。參考公司註冊處在 2011 年 5 月就新《公司條例》提交給立法會的文件 (關於《公司條例草案》第 10 部)，其中提到在諮詢期間曾收到有意見認為：「個人董事必須是會計師、律師或公司秘書，並且必須是本地居民。」可是，公司註冊處在該文件中亦表達了其目前不擬訂立這類規定的立場，認為「這做法有欠靈活，而且可能會影響香港的營商環境」。

　　我們理解董事作為公司的領導者，其所應具備的能力亦未必只由某些特定專業領域所能完全涵蓋。在全無標準和過分規管之間，宜加以探討。而且，由於《公司條例》同時對香港私人公司和上市公司有約束力，考慮到兩種公司在小股東的組成方面畢竟有着本質上的不同 (按該條例第 11 條，私人公司的股東人數不可多於 50 人，而且禁止邀請公眾人士認購該公司的任何股份或債權證；相反，上市公司的股份顧名思義是向公眾人士發售的)，故此條例的要求亦應顧及不同類型公司的實際情況。

　　雖然《公司條例》對董事的出任資格和要求十分寬鬆，但《上市規則》第 3.09 條訂明：「上市公司的每名董事，必須令香港交易所確信其具備適宜擔任董事的個性、經驗及品格，並證明其具備足夠的才幹勝任該職務。香港交易所也可

要求該公司進一步提供有關其董事或擬擔任董事者的背景、經驗、其他業務利益或個性的資料。」

香港特許秘書公會在 2012 年 10 月出版了一份研究報告（*Diversity on the Boards of Hong Kong Main Board Listed Companies*），分析了當時 48 間列入恒生指數的上市公司在 2007 至 2011 年之間的董事會成員名單，其中約三成的董事皆持有專業資格（如：會計師、工程師、律師，或特許公司秘書等等）。而且，正如該報告指出，除了一些專業資格的持有與否是相對容易量度，其他一些相關的工作經驗和經營企業的專長其實是不容易客觀量度的。故此，我們也可以理解，其餘的董事也不一定是不具經驗和專長。從這方面看，香港上市公司董事的質素也有一定程度的把關。

至於入職後的培訓，根據《企業管治守則》第 A.6.1 條的要求：「每名新委任的董事均應在受委任時獲得全面、正式兼特為其而設的就任須知，其後亦應獲得所需的介紹及專業發展，以確保他們對該公司的運作及業務均有適當的理解，以及完全知道本身在法規及普通法、《上市規則》、法律及其他監管規定以及該上市公司的業務及管治政策下的職責。」此外，《企業管治守則》第 A.6.5 條亦概括地要求，所有董事應參與持續專業發展，並更新其知識及技能。

此外，參考一些專業團體的做法（例如香港會計師公會、香港特許秘書公會），專業團體通常皆要求其會員每年也需參與一定時數的持續專業進修（continuing professional development），以確保其專業水平。考慮到董事對良好企業

管治的重大責任，我們認為未來可考慮是否應進一步在《上市規則》正文或《企業管治守則》內，訂明上市公司董事每年所須符合的最低持續專業進修時數要求，以確保其專業水平。

對董事買賣該上市公司證券的限制

香港投資市場發達，相信買賣股票等證券對不少人來說毫不陌生。可是，若出任上市公司的董事，則務必要遵守《上市規則》和相關法規對董事買賣所任職公司證券的限制。考慮到法規的複雜，上市公司董事如準備作出買賣行為，應先諮詢專業人士的意見。以下我們僅簡單列舉其中的一些相關條文作為例子，供讀者參考。

比如說，《上市規則》附錄十《上市發行人董事進行證券交易的標準守則》第 A.1 條訂明，無論何時，當董事管有公司的內幕消息，或尚未按該守則第 B.8 條先通知董事會主席及獲得其確認，均不得買賣該上市公司的任何證券。而該守則第 A.3（a）條亦訂明，在該公司公佈業績當天，以及之前的大約 30 至 60 日期間內（視乎季度、半年度，還是年度業績期間；以及相關財務報告結束日起至業績刊發日止期間是否較短為準），董事均不可買賣該公司的任何證券。

此外，若任何人士因得知公司的內部資料，從而藉此買賣該公司證券等工具以取得利益，則會構成《證券及期貨條例》的「內幕交易」，香港證監會可從刑事和民事途徑追究相關行為。因職責性質使然，董事很多時會比市場更早得知對公司股價有重要影響的內部消息，例如在業績公佈前就已很

可能從公司內部提交的財務資料中，初步得知公司是否錄得
盈利或虧損等，故必須小心處理。除了董事本人不可在這段
期間買賣相關證券外，亦要注意保密責任，不可把因出任董
事職務而得知的內幕消息向其他人洩露，否則同樣可構成內
幕交易的行為。

　　由此可見，出任公司董事是一件十分嚴肅和責任重大的
事情。被提名出任董事者應先行了解相關法規的要求，以及
考慮其自身和有關公司的情況，才作出謹慎的決定；而若決
定出任董事職務，則需留心兼顧合規和有效管治兩方面的事
宜。

獨立非執行董事
獨立非執行董事的組成和權責

　　由於小股東們無法直接參與上市公司的管治，董事會內
需有足夠的獨立成員可以起到監察和制衡的作用，從而對小
股東的利益有多一分保障。隨着社會對董事會獨立性的愈加
重視，港交所對上市公司獨立董事的數目要求亦漸漸提升。
現時，根據《上市規則》第 3.10 及 3.10A 條，在董事人數比
重方面，上市公司的董事會必須包括至少三名獨立非執行董
事（以下簡稱「獨董」），而獨董必須佔董事會成員人數至少
三分之一；而且其中至少一名獨董必須具備適當的專業資
格，或具備適當的會計或相關的財務管理專長。

　　我們再參考香港特許秘書公會在 2012 年 10 月出版的

研究報告（*Diversity on the Boards of Hong Kong Main Board Listed Companies*）。根據此報告，樣本公司的整體獨董人數佔董事會的比例，由 2007 年的 36.69% 逐漸增至 2011 年的 39.58%，可見香港上市公司在引入獨董方面已有所改善。此外，港交所在 2017 年 11 月發表了一份諮詢文件，檢討《企業管治守則》及相關《上市規則》條文；並於 2018 年 7 月完成諮詢，發表了諮詢總結文件。其後，《上市規則》第 3.13 條下加上了附註，要求在釐定董事是否獨立時，有關因素同樣適用於該董事的直系家屬。我們認同這對評估獨董的獨立性當有裨益。

至於在權責方面，《上市規則》要求審核委員會、薪酬委員會和提名委員會的大部分成員為獨董；此外，審核和薪酬兩個委員會的主席必須為獨董，而提名委員會主席則可以是由董事會主席或獨董出任（有興趣的讀者可參閱《上市規則》第 3.21 和 3.25 條，以及《企業管治守則》第 A.5.1 條）。

時間與投入程度：獨董的兼任問題

香港現行的《上市規則》並未對獨董可兼任的董事席位數目作出限制。《企業管治守則》條文第 A.6.3 條指出：「每名董事應確保能付出足夠時間及精神以處理該公司的事務，否則不應接受委任。」而該守則第 A.6.6 條則要求：「每名董事應於接受委任時向該上市公司披露其於公眾公司或組織擔任職位的數目及性質以及其他重大承擔，其後若有任何變動應及時披露；此外亦應披露所涉及的公眾公司或組織的名稱以

及顯示其擔任有關職務所涉及的時間。董事會應自行決定相隔多久作出一次披露。」

時任香港證監會主席唐家成先生在 2018 年 6 月 11 日於香港董事學會的午宴演説時曾提及,在眾多香港上市企業中,有超過 40 名人士同時出任多於六間上市公司的獨立非執行董事職務。考慮到董事兼多職的情況,我們認為董事對每間公司的投入時間和專注程度應值得關注。

作為一對比資料,參考 State Board of Administration of Florida(此機構負責管理美國佛羅里達州的退休金系統)於 2018 年 1 月出版的一份研究報告(*Time is Money - The Link Between Over-Boarded Directors and Portfolio Value*),截至 2017 年 10 月份,在美國標準普爾 500 上市的公司中,有 63 名董事同時出任五個或以上的董事席位,可見這種現象亦非香港所獨有。此外,該報告亦分析了美國最主要的 3000 間上市公司(Russell 3000 stock index)的董事會組成情況,發現平均來説,公司的「董事兼任席位數目」跟其「五年期股東總回報率」稍微呈現出負相關的關係。

關於香港的情況,其實港交所在 2011 年時亦曾作市場諮詢,其中一點是關於應否引入規定,限制個人擔任獨董的職務數量;最後考慮到市場反對意見強烈,港交所在當年 10 月發出的總結文件(《諮詢總結——檢討企業管治守則及相關上市規則》)中,並沒有引入強制數量上限。我們把當時反對強制設限的意見從該諮詢總結文件中節錄下來,供讀者參考和自行判斷:

（1）不能設定一個有意義的上限，因為個人可投入的時間及精神受多種因素影響。

（2）同時擔任多家香港上司公司的董事職位並不普遍。

（3）個人應自行決定自己能否為發行人投入所需時間和精神。

（4）除非確信董事人選合適，否則董事會不會作出任命，另外在評審人選時，董事會亦自會考慮有關人士擔任的董事職務數目。

（5）不設限可促進香港的專業董事文化，更多合資格及富經驗的人士可投身董事專業，為公司提供獨立意見及監察公司合規情況。

其後，港交所於 2017 年 11 月再次就完善企業管治守則發出諮詢文件，其中提及「市場關注個別人士同時出任多家公司董事，或未能投放足夠時間處理各上市發行人的事務」，並建議修訂當時《企業管治守則》的相關條文，建議如果上市公司打算委任一名人士為獨董，而這一職務將已是他第七家（或以上）上市公司董事職務，董事會則須向股東解釋，為何仍然認為該名人士可投入足夠的時間，並由股東對此自行決定。這次諮詢在 2018 年 7 月完成，多數意見支持這項建議。《企業管治守則》條文第 A.5.5 條其後按此作出了修訂。

潛在法律風險：獨董必須考慮的因素

除了酬金水平，獨董面對的潛在風險也是重要因素。《企業管治守則》第 A.6 條訂明：「由於董事會本質上是個一

體組織，非執行董事應有與執行董事相同的受信責任以及應有謹慎態度和技能行事的責任。」我們再參考香港律師會一篇名為〈企業管治——香港獨立非執行董事的角色演變〉的特寫文章（2014 年 7 月），其中引用了上訴法庭在過往一樁案例的評論，指出：「（註：當時是針對私人公司的情況）就企業的業務管理而言，執行董事與非執行董事所承擔的法律責任相同；至於董事在一家企業內是否擔任行政職務，法律對此是不予理會的。」

由此可見，雖然獨董對企業日常運作的參與較少，但卻須負上跟其他董事同樣的法律責任，這無疑會使合適出任獨董者多了一些考慮。而為董事購買法律責任保險，可能是其中一個可行的方法。現時，《公司條例》並不阻止公司就某些情況為董事購買責任保險（現行的詳細條文見《公司條例》第 468（4）條）。港交所更進一步在《企業管治守則》第 A.1.8 條訂明，上市公司應就其董事可能會面對的法律行動作適當的投保安排。我們相信，良好的公司管治始終有賴稱職盡責的人士願意出任董事，如果因不明朗的法律風險而使稱職的董事人選卻步，這對提升企業管治水平也並無助益。

獨董有助提升企業的財務披露質素嗎？

上文提及了一些獨董的法規和相關發展，那麼獨董對企業有實在的正面影響嗎？在道理上來說，獨董的存在是應該能增加企業的監測和制衡的。而就實證而言，不少學者也作出了研究。例如，Chen and Jaggi（2000）就曾對 87 間主要的

香港公司進行研究，發現獨董比例跟公司財務披露質素呈現正相關。換句話説，這代表着（平均而言）若一間公司有較多獨董，則其財務披露質素較佳的機會也會較高。

董事會的架構及組成
主席與行政總裁的分工

　　在現今許多企業管治的議題當中，其中一項頗具爭議性的就是應否將董事會主席及行政總裁進行分工，即由不同人士擔任，主席與行政總裁分工與否已經愈來愈多地被列入評級機構信用評級的考慮因素。自 2002 年的安隆事件後，美國及許多其他國家的公司管治守則，均訂明公司管治制度應盡量將主席及行政總裁分開。

　　在 2009 年，美國證券交易委員會（SEC）通過了有關董事會領導層結構和董事會在風險管理中作用的披露規則。規則要求上市公司披露公司的董事會領導層結構，包括公司是否合併了行政總裁和主席的職位，以及為甚麼公司認為其結構最適合公司。但在香港的實際情況是，主席或行政總裁常常也是公司的創辦人，亦是驅動公司成長和發展的原動力。如果堅持一定要將主席和行政總裁的職位分開，可能會產生反效果，影響公司的成長。

　　雖然很多地方的監管機構現在都規定或鼓勵公司的主席及行政總裁進行分工，但很多的學術研究均發現，分工並不能為公司的盈利表現帶來進步。例如學者 Elsayed 於 2007 年

對一些於埃及上市公司的實證研究顯示，主席及行政總裁分工對於公司盈利或股價表現並沒有直接的影響，又或者對於不同行業的正面或負面的影響並不一致。

香港現行的《上市規則》也有對主席與行政總裁的分工作出指引。其中附錄十四《企業管治守則》條文第 A2 條指出主席及行政總裁分工的原則：「每家發行人在經營管理上皆有兩大方面——董事會的經營管理和業務的日常管理。這兩者之間必須清楚區分，以確保權力和授權分佈均衡，不致權力僅集中於一位人士。」而其中條款 A.2.1 中明確要求：「主席及行政總裁職務應有所區分，不應由一人同時兼任。主席與行政總裁之間職責的分工應清楚界定並以書面列載。」

港交所於 2017 年發表了一份《有關發行人在 2016 年年報內披露企業管治常規情況的報告》，報告審閱分析了 1,428 間在香港的上市企業。結果顯示 37% 的公司沒有將主席與行政總裁職位分工，未能遵從的百分比是眾多項管治守則中最高的。而不跟從的公司所提供的原因可以歸納為：

（1）由同一人兼任主席及行政總裁能提供有力及一致的領導，並能更有效地籌劃及執行長遠業務策略。

（2）很大多數偏離這守則條文的發行人披露董事會對出任行政總裁兼主席的人士有信心，例如因為他對發行人的營運情況很了解。

（3）整個董事會對發行人都有貢獻，所有執行董事及獨立非執行董事成員均為董事會帶來多元化的經驗及專業技能。他們定期會面商討發行人營運的事宜，事實上就是

集體擔當主席及行政總裁的角色。

（4）其他原因包括：集團規模、公司業務範疇及性質，或企
　　　業營運架構產生的實際需要。

偏離此守則條文的發行人中，有 6% 已採取跟進行動或解釋
所採取的改進行動。例如有些發行人只是由於主席或行政總
裁辭任方才於年內某部分時間沒有遵守此守則條文，其中有
部分發行人已於年內覓得替任人選後重新遵守條文。

　　香港家族控制的企業非常普遍，家族企業常常於創辦
時由創辦人同時擔任主席及行政總裁一職。但近年一些家族
企業也積極推行主席及行政總裁的分工，此舉亦旨在去家族
化，改善企業形象。

替代主席與總裁分工的其他可行方案

　　正因為主席與行政總裁的分工效用仍然成疑，我們建議
以最有效的方法來制訂持續的公司管治措施，以達到相類似
的功效。管理顧問公司 Oliver Wyman 在一份報告中提到以下
建議：

（1）創建一名首席董事（lead director）或主持董事（presiding
　　　director），該建議由美國權威機構 The Conference Board
　　　提出，作為分開主席與總裁的替代方案。

（2）將董事會組成與公司策略結合起來。許多公司策略都需
　　　要董事會中的特殊人才。例如，計劃通過收購實現增長
　　　的機構，應至少有一位有兼併和收購經驗的董事。根據
　　　策略對董事能力進行仔細篩選，往往導致需要改變董事

會組成。

（3）使用系統、全面的董事會和主席/行政總裁表現評估。
　　　清晰地建立問責制和監督，定期進行表現評估。在這個
　　　高度關注公司管治的時代，令人驚訝的是，董事很少需
　　　要在個人基礎上進行評估。

（4）確保董事會積極參與行政總裁繼任和公司戰略制訂。許
　　　多跡象都顯示，行政總裁的繼任已經上升到許多董事的
　　　優先關注事項。顯然，這是董事會更深入地參與保護固
　　　有利益團體的一個機會。

（5）確保董事會跟公司高層（非董事）管理人員有足夠的溝
　　　通。其中一項反對行政總裁和主席分工的原因就是行政
　　　總裁可能會過濾了董事會需要知道的而或許對自己不利
　　　的有用資訊。

　　　至於第（1）點中提到的首席董事旨在領導獨立董事的工
作，業界對於其職能也有討論。The National Association of
Corporate Directors（NACD），一個美國專門致力於提高公司
董事會績效的獨立非牟利組織於 2011 年發表了一份如何引入
一個有效的首席董事的報告。報告認為首席董事的職責應包
括：

• 召集、制訂並主持獨立董事的會議議程。
• 作為獨立董事與主席/行政總裁之間討論問題，制訂董事會
　議議程並確保公司與獨立董事之間的訊息交流的中間人角
　色。

在香港，主席與總裁同任一席的情況非常普遍，特別是在家

族企業裏，因此上述有關提高董事會和總裁的適當平衡的討
論方案值得參考。

董事會的大小會否影響其運作表現

除了先前已經提到上市公司《企業管治守則》裏獨董最
少應佔三分之一的要求外，《公司條例》第 453 條條文規定：
「公眾公司及擔保有限公司須有最少 2 名董事。而第 454 條
則規定，私人公司須有最少一名董事。」香港的上市公司都
有一定的規模，公司至少也會有 6 至 8 位董事，多的可以達
到超過 20 人。如此大規模的董事會是否會對決策或監察更
為有效呢？

無疑人多好辦事，更多的董事可以集思廣益，運用各自
的才幹更好地制訂公司策略及監察管理層運作。但隨着董事
會規模的增大，出現冗員的機會也隨之而來。美國學者 Lipton
and Lorsch（1992）認為，許多公司的董事會並不能有效運
作，董事很少會批評管理層的行為。董事愈多愈有可能拖慢
決策的速度，令大家不能率直地發表對公司的意見，或令所
作的決定傾向保守。他們繼而建議公司應當限制董事的數目
不超過 10 人。學者 Jensen（1993）也認為董事會人數多的話
會令大家傾向表面的形式跟禮節，而不是真誠的對話。他更
表示當董事會超過七、八人就已經不能很有效率運作了，或
者更容易被行政總裁操縱。隨後學者 Yermack（1996）的研
究也證實了這一點。通過對 453 家美國企業的實證研究，他
發現董事會大小與公司價值成反比。但也有持相反意見的學

者。例如另一位學者 Cheng, S.（2008）指出，若董事人數多，決策過程就需要更多的商討和平衡，從而使企業決策和表現較平穩，較少出現極端的情況。看來董事會人數多少人才是合適，並沒有一個定論。關鍵還是每家公司根據自己的實際情況，在集思廣益與董事會效率方面，拿到一個適當的平衡。

董事會成員多元化

近年來，許多學者、政府和交易所都在提倡或鼓勵董事會成員的多元化。董事會成員多元化，不單是指董事在性別、年齡、國籍、種族上的差異，也涵蓋文化及教育背景、專業經驗、技能、才幹，以及對公司的認識、觀點、思考問題的角度等方面的差異。

董事會成員多元化，需要權衡其帶來的潛在好處和成本。很多研究顯示（如 Robinson & Dechant 1997；Anderson 等 2011；Carter 等 2003；Vafaei 等 2015），董事會成員多元化有助董事會作出有效的決策、提高企業管治、促進企業的財務表現（如 ROA 與 ROE）及市場價值（如 Tobin's Q）。不同背景的人有不同專業和人生經驗，因此有較大機會有不同的思考方法，考慮問題的角度也不盡相同，一家公司若能因應本身的業務模式及需要去考慮各種因素，廣納賢才，獲得多樣化的觀點和角度，將使董事會考慮公司事宜時會有更多種類的選擇及解決方法，避免董事會因成員背景單一而可能出現的「群體思維」弊病。研究亦顯示（如 Brammer 等 2009；Miller & Triana 2009），多元化的董事會，可鼓勵創意

及創新，較容易理解客戶需求而洞悉最新商機和挑戰，並表
示公司對平等機會有承擔，樂於回應不同種類持份者，從而
提高公司在客戶間的聲譽和公眾形象。關注董事性別的研究
發現（如 Adams & Ferreira 2009；Gul 等 2011；Liu 等 2014；
Kim & Starks 2016），女性董事較多的公司更經常召開董事會
議，女性董事出席會議的記錄也較良好，女性董事較傾向鼓
勵董事會聘用質素較高的核數師，女性董事有助於提升公司
的財務披露質素和財務表現。此外，當公司走出本土，向海
外拓展業務時，外國董事因其了解目標市場的營商環境並在
當地有資源及關係渠道，從而會對公司的海外發展有積極的
促進作用（如 Adams 等 2010；Masulis 等 2012）。現時市場
普遍相信董事會成員多元化可改善企業管治，因此董事會是
否多元化亦是機構投資者投資一家公司前的考慮因素之一。
當然，董事會成員多元化亦會帶來潛在問題和成本，比如吸
納思維截然不同的人或是年輕人進入董事會，資深董事可能
一時難以理解他們的觀點和處事方法，以致造成成員之間的
衝突增多，溝通減少，凝聚力降低，從而影響董事會的決策
效率。

　　利弊權衡之下，國際上許多司法權區的交易所及監管機
構都在通過法律、規例或上市規則（包括企業管治守則）來
鼓勵、促進董事會多元化。舉例而言，部分歐洲國家（如挪
威、西班牙、法國等）實施性別配額法，規定女性董事的比
例至少達到 40%，亞太區的馬來西亞亦有類似的女性董事
佔 30% 的目標。澳洲的企業管治守則雖未有規定統一的百分

比，但在「不遵守就解釋」的原則下，要求上市公司應訂下並披露女性於董事會的百分比。美國、英國及新加坡等其他司法權區對多元化的界定則更為廣泛，除聚焦性別之外，更擴大至涵蓋觀點、專業經驗、教育、技能及其他可助董事會具備異質性的個人質素和個性等差異。

香港交易所曾於 2012 年發佈有關董事會成員多元化的諮詢文件，建議修訂《企業管治守則》，以促進董事會成員多元化。在 2013 年修訂後的《企業管治守則》(按「不遵守就解釋」的原則) 中規定：

• 守則條文原則第 A.3 條：董事會應根據發行人業務而具備適當所需技巧、經驗及多樣的觀點與角度。

• 守則條文第 A.5.6 條：提名委員會 (或董事會) 應訂有涉及董事會成員多元化的政策，並於企業管治報告內披露其政策或政策摘要。此條附註，董事會成員多元化可透過考慮多項因素達到，包括 (但不限於) 性別、年齡、文化及教育背景或專業經驗。

• 強制披露要求 L.(d)(ii) 規定：訂有多元化政策的發行人應在企業管治報告中列出多元化政策或政策摘要，以及為執行政策而定的任何可計量目標及達標的進度。

由此可見，香港的守則採用了廣義的「多元化」，條文與英國、新加坡相若，視性別為董事會多元化的因素之一。上市公司要取得「多樣的觀點與角度」都須考慮本身的個別情況、業務規模和複雜性，以及所面對的風險及挑戰的性質，而不是強調性別或任何其他特徵。香港的守則亦沒有強制規

定硬性的最低指標，而是由上市公司彈性決定其多元化政策或解釋不制訂政策的原因。

2017 年 11 月，香港交易所再次發佈有關董事會成員多元化的諮詢文件，並於 2018 年 7 月發佈諮詢總結，決定修訂《企業管治守則》如下：

- 將守則條文第 A.5.6 條提升為《上市規則》條文（第 13.92 條）：提名委員會（或董事會）須訂有關於董事會成員多元化的政策，並於企業管治報告內披露該多元化政策或政策摘要。

- 修訂守則條文第 A.5.5 條：要求董事會在委任獨立非執行董事決議案隨附的致股東通函中，說明董事會就其成員多元化所考量的因素，包括：（a）物色被提名人的流程；（b）該人可為董事會帶來的觀點與角度、技巧及經驗；及（c）被提名人如何令董事會成員更多元化。

- 修訂強制披露要求 L.(d)(ii) 條：應列出董事會的多元化政策或政策摘要，包括為執行政策而定的任何可計量目標及達標的進度。

以上修訂已於 2019 年 1 月 1 日生效。對比其他司法權區的上市規則，例如澳洲和英國等，香港的《上市規則》更為嚴格。澳洲只以「不遵守就解釋」條文規定上市公司披露其多元化政策，英國僅要求某些大型上市公司在其公司治理聲明描述其多元化政策（香港交易所諮詢文件總結 2018），而香港則將董事會成員多元化政策納入《上市規則》，並強制要求上市公司在企業管治報告內披露。

董事性別雖然只是「多元化」的考慮因素之一，但卻是最易於量度的指標。香港自 2013 年 9 月 1 日引入守則條文第 A.5.6 條起，有關性別多元化方面的數據略有改善（香港交易所諮詢文件 2017；webb-site.com）。舉例而言，2019 年 6 月 30 日，所有香港上市公司的董事會成員中有 13.68% 是女性（2012 年 5 月：10.3%），33.9% 的上市公司的董事會中並無女性董事（2012 年 5 月：40%）。然而，相較部分歐洲國家最低 40% 女性董事的比例，香港上市公司董事會中仍然是缺乏女性董事。

董事年齡亦是易於量度的指標之一。有關年齡多元化方面的數據顯示（webb-site.com），2019 年 6 月 30 日，香港上市公司的董事會中，65.9% 的董事年齡介乎 40 至 60 歲，男性董事平均年齡 54.4 歲，女性董事 49.9 歲，董事中 25.8% 年逾 60 歲，40 歲以下董事僅有 8.3%。上市公司尋求「多樣的觀點與角度」，方法之一是吸納年輕成員。

為促進董事會效能和達致更佳企業管治，董事會應多元化，但是在香港上市公司中，家族企業和來自中國內地的國有企業非常普遍，相比股權結構廣闊的公司，家族企業和國有企業的決策權力通常集中於控股股東手中，而控股股東傾向於委任與他們有關連的人士擔任董事，因此，這些企業要達致董事會成員多元化並不容易，亦愈發令人關注。

總結

　　本章簡單地介紹了董事的職責和要求、獨立非執行董事，以及董事會的架構和組成等觀念。在現行的《公司條例》和《上市規則》等法規下，出任董事是一項嚴謹的職務，需對公司的管治負上重大的責任。相關人士在考慮出任董事前，宜多了解相關的法規要求、公司的業務及管治情況，才作出合適的決定。

（梁志堅、陳嘉峰、劉軍霞）

參考資料

中文

伍志華、龍卓華：《香港企業管治》，香港：中華書局，2016 年。

香港公司註冊處：《董事責任指引》，2014 年 3 月。（見：https://www.cr.gov.hk/tc/companies_ordinance/docs/Guide_DirDuties-c.pdf）

香港公司註冊處：《新公司條例第 10 部簡介——董事及公司秘書》，第 2 至 3 頁，2013 年 3 月。（見：https://www.cr.gov.hk/sc/companies_ordinance/docs/briefingnotes_part10-c.pdf）

香港財經事務及庫務局公司註冊處，就《公司條例草案》第 10 部——董事及公司秘書，向立法會提交的文件，第 2 至 3 頁，2011 年 5 月。（見：http://www.legco.gov.hk/yr10-11/chinese/bc/bc03/papers/bc030603cb1-2280-1-c.pdf）

香港交易所，《諮詢總結——檢討《企業管治守則》及相關《上市規則》條文》，2018 年 7 月。（見：https://www.hkex.com.hk/-/media/HKEX-Market/News/Market-Consultations/2016-Present/November-2017-Review-of-the-CG-code-and-Related-LRs/Conclusions-(July-2018)/cp2017111cc_c.pdf）

香港交易所:《諮詢文件——檢討《企業管治守則》及相關《上市規則》條文》,2017 年 11 月。(見:https://www.hkex.com.hk/-/media/HKEX-Market/News/Market-Consultations/2016-Present/November-2017-Review-of-the-CG-code-and-Related-LRs/Consultation-Paper/cp2017111_c.pdf?la=zh-HK)

香港交易所:《諮詢總結——檢討企業管治守則及相關上市規則》,2011 年 10 月。(見:http://www.hkex.com.hk/-/media/HKEX-Market/News/Market-Consultations/2006-to-2010/December-2010-Consultation-Paper-on-Review/Conclusions/cp2010124cc_c.pdf)

香港交易所:《諮詢總結——董事會成員多元化》,2012 年 12月。(見:https://www.hkex.com.hk/-/media/HKEX-Market/News/Market-Consultations/2011-to-2015/September-2012-Consultation-Paper/Conclusions/cp201209cc_c.pdf)

香港交易所:《諮詢文件——董事會成員多元化》,2012 年 9月。(見:https://www.hkex.com.hk/-/media/HKEX-Market/News/Market-Consultations/2011-to-2015/September-2012-Consultation-Paper/Consultation-paper/cp201209_c.pdf)

香港董事學會有限公司:《董事指引》第 I 部分公司及其董事會,2014 年。

香港董事學會有限公司:《董事指引》第 III 部分董事作為個人,2014 年。

前瞻網:〈報告:美國CEO的薪酬最高是員工的 5000 倍,財富集中在金字塔頂端〉,2018 年。(見:https://t.qianzhan.com/caijing/detail/180519-46026caa.html)

莫宜詠律師及馮穎賢律師:〈企業管治——香港獨立非執行董事的角色演變〉(香港律師會的一篇特寫文章),2014 年 7 月。(見:http://www.hk-lawyer.org/tc/content/企業管治-香港獨立非執行董事的角色演變)

英文

Adams, R. B., &Ferreira, D. (2009). "Women in the boardroom and their impact on governance and performance, "*Journal of Financial Economics*, 94(2): 291-309.

Adams, R. B., Hermalin, B. E., & Weisbach, M. S. (2010). "The role of boards of directors in corporate governance: A conceptual framework and survey," *Journal of Economic Literature*, 48: 58-107.

Anderson, R., Reeb, M., Upadhyay, A., & Zhao, W. (2011)."The economics of director heterogeneity," *Financial Management*, 40(1): 5-38.

Blank Rome LLP (2012)."The Effective Lead Director - NACD Blue Ribbon Commission issues report on best practices for the'leader of leaders'," Available at: https://www.lexology.com/library/detail. aspx?g=fc1e87df-eef9-4387-84a8-3c71dfa0a96b

Brammer, S., Millington, A., & Pavelin, S. (2009)."Corporate reputation and women on the board," *British Journal of Management*, 20(1): 17-29.

Carter, D., Simkins, B., & Simpson, W. G. (2003)."Corporate governance, board diversity, and firm value," *The Financial Review*, 38(1): 33-53.

Chen, C. J., & Jaggi, B. (2000)."Association between independent non-executive directors, family control and financial disclosures in Hong Kong," *Journal of Accounting and Public Policy*, 19(4-5): 285-310.

Elsayed, K. (2007). "Does CEO duality really affect corporate performance?" *Corporate Governance: An International Review*, 15(6): 1203-1214.

Gul, F., Srinidhi, B., & Ng, A. C. (2011)."Does board gender diversity improve the informativeness of stock prices? " *Journal of Accounting Economics*, 51(3): 314-338.

Hong Kong Exchange and Clearing Limited. (2017). Analysis of Corporate Governance Practice Disclosure in 2016 Annual Reports.

Hong Kong Institute of Chartered Secretaries. (2012). Diversity on the Boards of Hong Kong Main Board Listed Companies. (Available at: https://www.hkics.org.hk/media/publication/attachment/ PUBLICATION_A_2333_Board%20Diversity_Full%20Report.pdf)

Jensen, M. C. (1993). "The modern industrial revolution, exit, and the failure of internal control systems," *The Journal of Finance*, 48(3): 831-880.

Kim, D., & Starks, L. (2016). Gender diversity on corporate boards: Do women contribute unique skills? *American Economic Review*, 106(5): 267-271.

Lipton, M., & Lorsch, J. W. (1992). "A modest proposal for improved corporate governance," *The Business Lawyer*, 59-77.

Liu, Y., Wei, Z., & Xie, F. (2014). "Do women directors improve firm performance in China? " *Journal of Corporate Finance*, 28: 169-184.

Masulis, R. W., Wang, C., & Xie, F. (2012). "Globalizing the boardroom - The effects of foreign directors on corporate governance and firm performance," *Journal of Accounting and Economics*, 53: 527-554.

Miller, T., & Triana, M. (2009). "Demographic diversity in the boardroom: Mediators of the board diversity-firm performance relationship," *Journal of Management Studies*, 46(5): 755-786.

Oliver Wyman (2004). Separating the Roles of CEO and Chairman. (Available at: http://www.oliverwyman.com/content/dam/oliver-wyman/ global/en/files/archive/2004/OWD_Separating_the_Roles_of_CEO-Chairman_WP_1110.pdf)

Robinson, G., & Dechant, K. (1997). "Building a business case for diversity," *The Academy of Management Executive*, 11(3):21-31.

SEC (U.S. Securities and Exchange Commission). (2009). "SEC approves enhanced disclosure about risk, compensation and corporate governance," (Press release, available at: https://www.sec.gov/news/ press/2009/2009-268.htm)

State Board of Administration of Florida. (2018). "Time is money - The link between over-boarded directors and portfolio value," (January 2018, available at: https://www.sbafla.com/fsb/Portals/FSB/Content/ CorporateGovernance/Reports/2018%20Time%20is%20Money%20 Governance%20Brief.pdf?ver=2018-01-26-083628-497)

Tong, Carlson, Chairman of the Securities and Futures Commission. (2018). "The evolving role of the Independent Non-Executive Director (Speech at Hong Kong Institute of Directors' Speaker Luncheon Meeting),"(11 June 2018, available at: http://www.sfc.hk/web/TC/files/ER/PDF/ Speeches/HKIOD%20LUNCHEON%20JUNE%202018_web%20 posting_final.pdf)

Vafaei, A., Mather, K., & Ahmed, P. (2015). "Board diversity and financial performance in the top 500 Australian firms," *Australian Accounting Review*, 25(4): 413-427.

Yermack, D. (1996). "Higher market valuation of companies with a small board of directors," *Journal of Financial Economics*, 40(2): 185-211.

註：

本章嘗試注明一些觀念、條例、規則、指引等資料的出處，以方便有興趣的讀者自行參閱其原文。可是，本章作為一般性讀物，只嘗試就相關法規的其

中某些事項作簡介。本章並沒有對所提及或引用的觀念、條例、規則、指引等資料作出全面和透徹的解釋、討論和分析。若針對任何具體及/或特定的情況，本章內容不可被視為相應的專業意見，亦不可作為任何人作出決定和行動的依據。

第 8 章

行政人員薪津與激勵問題

　　行政人員的薪津是對管治問題的一種解決方法，但亦往往製造了不少管治問題。傳統的管治文獻，例如詹森與麥克林（Jensen and Meckling, 1976）等，認為要解決代理人問題，激勵機制是不可或缺，所以激勵薪津包括獎金、花紅、認股權及與表現掛鈎的股票發放是必要的。以上的激勵薪津使管理層的個人利益與股東利益一致，以解決代理人問題。激勵機制有助提高員工士氣，鼓勵員工不要過分懼怕風險，避免錯過令公司增值的機會。例如 2015 年和黃系高層霍建寧的收入中有 95% 是屬於激勵機制的。霍建寧於 2015 的收入如下：

	百萬港元	%
薪金及津貼	11.1	5.2%
獎金	202.51	94.8%
總薪津	213.61	100%

Source: Hong Kong Standard 13 April 2016

另一個例子是迪士尼的行政總裁鮑勃艾格（Bob Iger），
2015 年他的收入如下：

	百萬美元	%	
工資	2.5	5.6%	
公司股票發放	8.9	19.8%	
公司股權收入	8.4	18.7%	>88.2%
其他獎金	22.3	49.7%	
退休金增額	1.3	2.9%	
其他福利	1.5	3.3%	
總薪津	44.9	100%	

從以上可見，鮑勃艾格的收入中獎勵部分高達 88%，非獎
勵部分只佔 11.8%，所以企業深明激勵機制的重要性。不幸
的是，高企的管理層薪金，也製造了不少管治問題。根據
2014 年統計，美國行政總裁的工資是一般工人平均工資的
354 倍，德國是 147 倍，英國是 84 倍，日本是 57 倍。由此
可見，其他國家的工資不均問題都沒有美國的嚴重！況且企
業表現與管理層薪津可以極不對稱，例如通用電氣（General
Electric）自 2001 年到 2017 年為止市值下跌了近 40%，但總
裁工資卻仍然是數以千萬計（2015 年為 3,300 萬美元；2016
年為 2,100 萬美元），沒有甚麼減少，而且退休金也很優厚，
看來拙劣表現並不能阻止高級管理人員的高薪厚祿。企業高
層也喜歡運用權力，令自己薪酬水漲船高，如委派自己的朋
友進入薪酬委員會，邀請相熟的顧問作薪酬比較報告。科亞

等（Core, Holthausen and Larcker, 1999）發現薪津過高的公司，往往有以下特點：（i）行政總裁和董事局主席為同一人，（ii）大部分董事都是現任總裁指派的，（iii）董事會內有較多的非獨立董事，和（iv）公司沒有較大影響力的董事可以制衡行政總裁。這說明沒有足夠制衡的企業，行政總裁工資過高的問題比其他公司嚴重。下圖可見 1965 年到 2017 年美國行政總裁薪酬和工人平均工資的比例。行政總裁薪酬包括認股權的授與（options granted），導致行政總裁工資與普通員工的差距自 1965 年起一直擴大，升幅尤以 1990-2000 年為最劇烈，自 2000-2008 年起，差距有下調趨勢，但到 2009 年，差距又再上升。

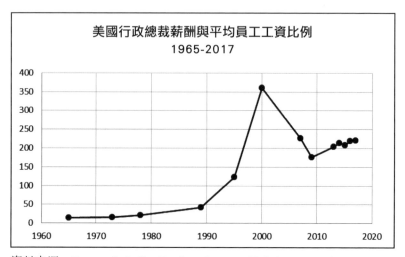

資料來源：Economic Policy Institute Report: CEO Compensation surged in 2017 by Lawrence Mishel and Jessica Schieder. August 16, 2018. Retrieved at https://www.epi.org/publication/ceo-compensation-surged-in-2017

　　高級管理人員的薪津問題也會帶來盈利管理（Earnings Management）的問題，盈利管理並不是正面的詞語，而是指公司管理層為了達到激勵指標，以便取得額外酬金，而對盈利數字的舞高弄低，這也是另類的代理人問題。除了盈利管理，管理層亦會運用「財技」影響股價，如股份回購、宣佈利好消息，令其持有的認股權及與表現掛鈎的股票升值，令自己薪酬水漲船高。

　　香港的高級管理人員薪金過高的問題也時有所聞，怎樣確保高級管理人員不會因私相授受而弄至薪金過高？港交所《企業管治守則》對於董事和行政總裁薪酬水平有以下建議：

（1）薪金政策及數字的披露，公司應在其年報內披露每名高級管理人員的酬金，並列出每名高級管理人員的姓名。

（2）薪酬應與公司及個人表現掛鈎，薪酬應足以吸引及挽留董事和員工管好公司營運，又不致支付過多的酬金。

（3）在董事局內成立薪酬委員會，負責董事及高級管理人員薪酬的制訂，並向董事會提出建議。董事及行政人員均不應參與自己的薪酬制訂。

（4）薪酬委員會要有一定的獨立性，避免受行政總裁及高級管理人員的過分影響。美國上市公司的薪酬委員會的成員均要由獨立董事出任，香港情況比較寬鬆，薪酬委員會應由獨董擔任主席而大部分成員也應是獨立董事。

香港《上市規則》及《公司條例》也有如下規定和限制：

（1）每次上市公司或其任何附屬公司向上市公司的董事、高級管理人員或主要股東或其各自聯繫人授予認股權前，

必須先得上市公司的獨立非執行董事批准。

（2）任何公司未獲其股東批准，不得向董事或受董事控制的
法人團體借出貸款，或提供擔保，除非其貸款符合某些
例外情況。

總結

解決代理人問題，薪津激勵機制是不可或缺的，但是過
高的行政人員薪津也製造了不少管治問題，包括盈利管理、
運用「財技」影響股價令管理人員薪酬水漲船高等。現時法例
多以加強披露，成立獨立的薪酬委員會去解決這方面的問題。

（梁志堅、陳嘉峰、林自強、李巧兒）

參考資料

Core JE, Holthausen RW, and Larcker DF. 1999. "Corporate Governance,
Chief Executive Officer Compensation and Firm Performance," *Journal
of Financial Economics*, 51(3):371-406.

Jensen, MC and WH Meckling. 1976. "Theory of the Firm: Managerial
behavior, agency costs and ownership structure," *Journal of Financial
Economics*, 3(4):305-360.

第 9 章

大股東潛在操縱行為

公司管治其中一重要課題是要有一套管治程序、政策、法律及框架，以監察大股東對公司的操控，防止剝削小股東的權益。良好公司管治應包括公司內部利益相關人士，以及公司管治的多項目標之間的關係。主要利益相關人士包括大股東、少數權益股東和管理人員；其他利益相關人士包括僱員、供應商、顧客、銀行和其他貸款人、政府政策管理者、環境和社會責任等。所以公司管治對上市公司的治理十分重要，它是一套監督與制衡機制，即通過一種制度安排，來合理地界定和配置各利益群體之間的權益與責任關係。公司管治的目的是保證股東利益的最大化，防止某一群體的權益受到侵蝕。其主要特點是通過股東大會、董事會、管理層所構成的公司管治機制來進行治理。

上市公司大股東的披露規定

上市公司對大股東有嚴格的披露規定。大股東權益披露規定載於《證券及期貨條例》第XV部（第XV部）。第XV部的披露規定的首要目標，是及時為上市公司的投資者提供更

完整及更佳質素的相關資料，尤其是披露能夠影響到投資者對上市公司的價值的看法的資料，以便他們作出有根據的投資決定。同時，這制度亦旨在能夠讓投資者可以識別出哪些人控制或有能力控制上市公司的股份權益。香港上市公司對大股東的披露規定與國際的標準一致。

第 XV 部規定大股東需要披露他們的持股量及持股變化，讓投資者對大股東的交易行為有更全面了解。根據《證券及期貨條例》，大股東是持有上市公司 5% 或以上任何帶有投票權股份的權益的個人及公司，大股東必須披露其在該上市公司的股份的權益及淡倉。上市公司的「有投票權股份」是在上市公司的成員大會上有投票權的股份類別的權益，而非所有類別的股份的權益。

另外，第 XV 部規定，大股東只有在若干事件發生時才需要送交通知存檔。例如股東首次持有上市公司 5% 或以上的股份的權益，成為大股東，便需要存檔；同樣，當大股東的權益下降至 5% 以下時，亦需要存檔；此外，大股東的持股量的百分比上升或下降，導致股東的權益跨越某個處於 5% 以上的百分比整數，也需要存檔，如大股東的權益由 6.7% 增至 7.2%，跨越了 7%，或由 8.2% 降至 7.9%，跨越了 8%，一樣需要存檔。但是，若大股東的股權由 6.2% 增至 6.8%，或由 8.7% 降至 8.4%，因沒有跨越任何整數百分比，所以毋須作出披露。大股東亦必須披露 1% 或以上股份權益的短倉。還有，假如大股東在同一日內購買及售賣數批股份，在正常情況下，股東不可以從購買的股份數目中抵銷賣

出的股份數目，以釐定大股東在當日結束時擁有權益的股份
數目，買賣數目必須分開計算。因此，擁有上市公司 6.5% 股
份權益的大股東，不能藉着在早上購買 1% 權益抵銷下午售
賣 0.6% 的權益，企圖因而增加 0.4% 權益而沒有跨越任何整
數百分比的持股量，以逃避其披露權益的責任。所以，買賣
的權益要分開通知存檔。同樣，好倉與淡倉之間亦一樣不得
互相抵銷。

　　而在計算大股東股份總數時，大股東的關連人士亦必須
計算在內，讓投資者對大股東的股份總數有更清晰及正確的
資訊。大股東的關連人士包括以下任何人士及信託對同一上
市公司的股份所擁有的任何權益及衍生權益：

（1）股東的配偶及股東任何未滿 18 歲的子女。

（2）股東所控制的公司，所控制的公司指直接或間接控制公
　　　司的成員大會三分之一或以上的投票權，或該公司或其
　　　董事慣於根據其指令行事，該公司便屬於「受控公司」。

（3）信託，假如股東是該信託的受託人。

（4）酌情信託，假如股東是信託的「成立人」及可以影響受
　　　託人如何行使其酌情權。

（5）股東身為受益人的信託。

（6）協議採取一致行動以取得上市公司的股份的權益的所有
　　　人士，假如股東是該協議的其中一方。

　　在披露規定上，大股東及大股東的關連人士都需要通知
存檔，但通知存檔的規定也頗為繁複。舉例來說，當兩名或
以上的關連人士對相同股份持有權益時，他們每人均須就各

自的權益分別作出披露，如大股東和大股東的太太各分別持有上市公司 5% 及 1% 的股份，他們每人會被視為持有 6% 的權益。假如大股東的太太其後進一步購入多 1%，那麼大股東和大股東的太太均須送交通知存檔，因為現時他們每人都因為該購買交易而持有該上市公司 7% 的股份權益。另外，在計算大股東持有權益的股份總數時，必須將任何受控公司在同一上市公司的股份中所持有的權益及衍生權益計算在內，例如大股東因為控制了一連串的聯營公司而持有上市公司的股份權益，而在該聯營鏈底部的公司持有上市公司 6% 的股份，則在該聯營鏈中的每個公司都會被視為持有 6% 的權益，最終控股公司持有權益的股份數目及比例，不會隨着聯營鏈內的公司數目上升或下降而有所影響。同時，第 XV 部亦給予不同情況的披露豁免，如集團內的全資附屬公司在某種情況下發生的交易等，都可獲豁免披露，這些豁免可減少大股東的合規成本。

　　為讓投資者對大股東的交易行為有及時的了解，存檔的期限及方法亦有規定。大股東存檔的期限通常是三個營業日，在計算送交披露通知存檔的期限時，有關事件發生的當日並不包括在內。例如大股東於星期一售賣股份，股東便應在交易日期之後的三個營業日內送交通知存檔，即星期四是期限。權益的具報及報告均須以電子方式送交香港聯合交易所有限公司（聯交所）存檔。另外，上市公司需要備存大股東權益及淡倉登記冊。

　　在平衡公眾知情權和隱私權之間的衝突，根據第 XV 部

的規定所存檔的大股東資料，公眾有權在上市公司的辦公室查閱載有該等資料的登記冊，並可閱覽全部詳細資料。聯交所也透過在香港交易及結算所有限公司（交易所）設置的網站，讓公眾查閱送交交易所存檔的資料的數據庫，但若干私人資料，例如香港身份證號碼、聯絡電話號碼等除外。

第 XV 部的大股東披露規定，是大股東本身的責任，是強制性的。無論該大股東是否居於香港，其披露規定均相同，大股東均需在期限內送交表格存檔及確保表格上的資料正確無誤。如任何人士未能遵守第 XV 部的規定，根據法例，即屬犯罪。根據《證券及期貨條例》第 328 條訂明：（1）任何人無合理辯解而沒有按照第 XV 部適用於有關披露的規定作出披露；或（2）任何人在作出披露時，作出明知在要項上屬虛假或具誤導性的陳述，均屬刑事罪行。犯罪者就每項被定罪的罪行，一經循公訴程序定罪，可處罰款 100,000 元及監禁 2 年；或經循簡易程序定罪，可處罰款 10,000 元及監禁 6 個月。而且，根據《證券及期貨條例》第 373 及 390 條，公司大股東可能須就公司所犯罪行負上個人法律責任。此外，假如大股東被定罪，財政司司長可以就大股東的股份的轉讓施加限制。

關連交易的監管

關連交易的問題儘管在過去十數年經過條例修訂等方式進行加強監管，但不同形式由關連交易引起的問題仍然存

在，並影響不同的持份者。

關連交易的存在會令公司本身、其他關連人士或非關連人士（包括小股東）承受跟預計不同的風險、錯誤影響判斷及決定從而受到利益損害。當年美國安隆就正正由於領導層利用隱藏的關連交易協助公司製作假帳目以便在股價上及融資上造成方便，結果遭揭發後令不知情的人士以及公眾受到損失。

關連交易規定的目的是為了防範關連人士利用其身份取得利益，但規定本身仍然有未能涵蓋的部分。部分是因為在訂定關連人士的涵蓋面時有所漏洞所致，現時關連人士的定義清晰地包括董事、最高行政人員、主要股東、過去 12 個月曾任董事的人士、監事（只適用於中國發行人）及關連附屬公司內的關連人士，對於其他人等包括親屬方面的定義特別是家屬方面卻未臻完善。

假若違反《上市規則》中未能就關連交易、主要交易或非常重大收購取得股東批准，現時的懲罰阻嚇程度着實很低，當中包括：

• 私下譴責
• 載有批評的公開聲明
• 公開指責
• 公開聲明認為該董事繼續留任將損害投資者的權益
• 停牌或取消公司的上市地位
• 禁止公司使用市場設施，並禁止券商及財務顧問代表公司行事

在賺取大量利潤後而最終的懲罰只是被公開譴責，在這個低風險高回報的誘因下，現行的關連交易監控對於這種情況着實顯得不太有力。但港交所在法律上未有授予可作出懲處決定的能力，所以往往在關連交易的監管上顯得無力。

一般新股上市，大股東都設有一年禁售期，近年曾經有公司董事之子在公司上市後沽貨套現，雖然公司董事本身持股設有禁售期，但其兒子並非董事所以不受限制。根據當時招股書的資料，雖然兒子跟公司董事屬直系親屬，但因兒子從來不是董事或員工，亦非控股股東，更不是控股股東的一致行動人，所以他的持股不設禁售。

從以上例子，道理上父子絕對是一致行動，但原來禁售期是可以只對父親有效，但對兒子卻無效，更讓人生疑的是，在兒子出售股票前的業績發佈會上，父親曾表示自己在未來的一段長時間內都不會減持。小股東的利益在這例子上明顯地未能得到足夠保障，與當初關連交易作出的規定原意相違背。最大的問題亦顯而易見：監管機構對類似的關連交易未能作出監管或懲罰，這將大大影響投資市場的形象。

所以，2004 年上市公司大凌集團因沒有披露關連交易而違規，遭聯交所予以停牌紀律處分，是近年對上市公司的較嚴厲懲處。

大股東操控行為監管

股東是公司的擁有者，所有股東都關心公司的盈利能力

及投資回報。除了投資回報，控制權亦是他們追求的目標，大股東極其希望能鞏固控制公司的經營決策。「一股一票」原本是最基本的規則之一，可是在現實中，大股東往往能通過加強控制機制獲得超出其經濟權利的投票權，使他們能夠相對擁有公司的控制權。大股東相對其他股東投入資本較多，大股東便有着更強的動機來保護自己的利益。公司大股東的利益一旦與小股東的不一致，大股東往往能利用其壟斷性的控制地位，做出對自己有利而有損於中小股東權益的行為，從而掠奪小股東的權益。於 2018 年，香港引入「同股不同權」的新股發行，當香港交易所容許企業以「同股不同權」的招股模式上市，大股東在此制度下利用雙重股權結構來獲得公司控制權，可能進一步加深對小股東權益的侵害。

大股東私有化掠奪小股東利益事例

私有化通常由控權股東提出，以現金或證券（附有或不附有現金選擇權）的方式，向其他小股東全數買入股份。如私有化成功，上市公司會向香港聯合交易所有限公司（聯交所）申請撤銷上市地位。控權股東可向所有股東提出全面收購的建議，以收購他們的股份。如果被收購的公司是在香港註冊成立的，當控權股東累計取得在提出收購建議時可接納建議的股份以價值計的 90% 時，便有權可以選擇強制收購餘下的股份。

香港市場上，私有化方式掠奪中小投資者利益的案例非

常多。如寶勝是中國最大的運動用品通路，主要銷售 Nike 和 Adidas 品牌，約有七、八千間門市。寶勝是寶成集團在中國投資的運動用品通路，2008 年 6 月在香港上市，IPO 價格為每股 3.05 元。上市後由寶成的製造業務主體、在香港上市的裕元工業作為主要股東，裕元持有寶勝 62% 股份。上市沒多久就碰到金融風暴，之後股價就再也沒有高過 IPO 價格，當天首日上市收報 2.61 元，比定價跌 10%。

在 2018 年 1 月，裕元集團（00551）及寶勝的最終控股股東寶成，擬將經營運動服裝及經銷代理品牌的寶勝國際（03813）私有化，作價每股 2.03 元，較公佈前收市價溢價 31.82%。有股東在出席特別股東大會後表示，不支持將寶勝私有化，並稱該公司作價過低，收購價低於 IPO 時的股價，形容此為強迫虧蝕。

如以收購方式進行的私有化建議已達強制性收購階段，又或以協議安排方式進行的私有化建議已獲股東通過和法院批准，由於有關建議對所有股東都具約束力，小股東必須接受該私有化建議。小股東的股票將會被自動註銷，並會根據私有化建議中的條款取得應得的代價。因此，高持股比例的大股東如能控制董事會、股東大會，幾乎可以為所欲為，小股東難以抗衡。所以，當寶勝提出私有化時，小股東反對無力。

大股東違規挪用公司資產自肥事例

停牌逾七年、於 2011 年 12 月才復牌的大凌集團

（00211），其大股東兼前主席張志誠及其妻楊杏儀，遭證監會引用針對上市公司股東受不公平損害的法例條文，採取追究行動。證監會指二人違反作為大凌董事的受信責任，嚴重管理不善。大凌集團於 1999 年至 2001 年間的六組交易，令公司虧損高達 3 億元，二人更在交易中自肥，私吞約 8,595 萬元交易涉款。高院裁定交易構成虧空大凌資產，首次按有關條文，直接下令二人交還該 8,595 萬元款項，並頒令張志誠十二年不能出任公司董事。

總結

　　大股東在股東大會上對公司的重大決策及選舉董事均擁有實質和絕對的控制權。正常而言，大股東設法使公司獲取最大利潤時，小股東也會搭上順風車而受惠。不過，大股東往往會利用其壟斷性的控制地位做出對自己有利而有損於小股東利益的行為，這就是我們常說的大股東潛在操縱行為。大股東的利益是通過擁有控制權來得到保障，但小股東利益的保障卻沒有得到應有的重視。事實上，大股東可用不同手法侵佔公司資源，從而對公司和其他股東利益造成損害。當不法分子成為一股獨大的控股股東時，通常將不可避免使公司治理出現缺陷，導致大股東掠奪公司財產，並通過編製虛假報告掩蓋其侵吞其他股東利益的行為，破壞公司發展。香港交易所及證監會對此等情況應作出關注，透過現有審查機制作出跟進，並修訂《證券及期貨條例》及《上市規則》以堵

塞漏洞。

（李梅芳、周懿行、黃純）

參考資料

《證券及期貨條例》

《證券及期貨條例》第 XV 部的概要 —— 披露權益

《上市規則》

第 10 章

小股東權益保護

　　企業管治是用以確保企業資本的提供者從他們的投資中得到合理回報的一整套內、外部機制。在美國及其他西方國家，由於股權分散，企業管治主要針對如何制約管理層侵害股東利益的行為，例如投資一些高風險但低回報的專案，或者偷懶不作為等，即如何讓股東（被代理人）有效地監督和控制管理層（代理人），或者說降低由擁有權與控制權分離產生的代理成本。

　　然而，不同於英美等國，在亞洲地區（包括香港），企業的股權通常被一個或幾個家族成員集中持有。例如Claessens and Yurtoglu（2012）的研究發現，在香港、印尼及馬來西亞，擁有多數股權的控股股東的公司約佔上市公司的百分之五十。這種集中的股權結構進而會改變企業中代理成本的主要來源。代理成本變成主要來源於股東（控股股東與小股東）之間的利益衝突，而非所有外部股東與內部管理層之間的利益衝突。因為一方面擁有多數股權的控股股東有能力也有強烈的動機去積極緊密地監督管理層或公司，極大地降低了在英美等國普遍存在的股東與管理層之間的代理成本；另一方面，帶來控制權的多數股權使得控股股東較少受董事會和來

源於外部收購的制約，從而產生大股東掠奪和侵佔小股東權益的風險。具體表現為：（1）挪用公司資金貸款予關聯企業或作私人用途；（2）利用公司提供擔保協助關聯企業貸款，並濫用有關借貸資金；（3）安排關聯企業與公司交易以圖私利，侵害公司價值；（4）操縱股價、披露不實或誤導資訊等等。

下文將分別從內、外部兩個方面，以及通過一個小案例，來討論香港的企業管治和小股東權益保護。

內部機制
小股東監督

從理論上說，上市公司中小股東至少持有 25% 的股權，應該也可以發揮監督作用從而保護自身的權益。但在現實中，一方面是大多數小股東不會長期持有股票，也沒有強烈的意願去行使投票權發揮監督作用。另一方面，在操作環節也有重重障礙和困難使得小股東很難參與公司的重大決策。例如，根據香港目前的《公司條例》580 條，股東需持有不少於 2.5% 投票權（或最少 50 名有相關表決權利的股東），才可以要求公司董事會在下次股東大會中加入建議議案，作討論和表決，另外並須在開會前向所有股東派發一份不超過 1,000 字的議案資料。又例如，根據香港目前的《上市規則》，除重大事項或至少五名股東提出必須用書面投票外，上市公司可選用即時舉手方式表決。由於香港大多數小股東不

以自己名字、而是透過經紀以股份過戶登記公司名義代理持有，加上太多小股東沒有親身出席股東大會，如公司管理層選用即時舉手方式表決，表決結果往往由大股東主導。

董事會

在家族企業主導的亞洲地區，家族股東一般支配着董事會，董事會內有較少獨立成員，董事會的提名和選舉都圍繞着個人關係和朋友（Anderson and Reeb, 2004）。有證據顯示，有控制權的股東往往向董事會推薦朋友、老同事或親戚成為董事，而不考慮他們的經驗、資格或客觀性。而以這種方式入選的股東往往對控股股東忠心耿耿而不會考慮公司或小股東的利益。正如我們在前文所說，由於有控制權股東或集中的股權結構在香港佔主導地位，在香港，小股東很難影響董事會的選舉結果，所以在公司的董事會內沒有自己的代理人。以下摘自香港著名投資人、專欄作者施永青先生的一篇文章中的描述，也印證了這一結論：

> 我做過多間上市公司的非執行董事，多少知道現實世界的上市公司董事是怎樣選出來的。不要說小股東沒有機會參與，連作為非執行董事的，也不一定有機會被徵詢意見。
>
> 這些所謂同股平權的上市公司，都有一個由掌權者挑選出來的提名委員會，負責提名來屆的董事。沒有人知道這個提名委員會是如何產生的，並

不知道提名的方式是否符合程式公義。在我的印象中，提名委員會提供的名單，大都與董事會的空缺等額，小股東別無選擇。

　　現時的法律雖有規定，凡涉及大股東利益的議案，必須交由獨立的非執行董事投票決定，大股東的代表不可以參與投票；但由於所謂獨立的非執行董事，原來都是大股東屬意的，他們在投票時很難不受大股東的取態影響。因此，小股東極之需要在董事會內有代理人。

根據香港交易所 2013 年開始實施的獨立董事新規定，董事會成員中獨立董事至少要佔三分之一，薪酬委員會成員中獨立董事要佔大多數。但獨立董事參與或影響公司決策的具體情況並不公開披露。而根據中國證監會的要求，中國大陸上市公司內的獨立董事須公開披露在公司重大管理決策上的發表的具體意見。中國大陸在 2001 年首次建立了類似於香港的獨立董事制度，即上市公司的董事會成員中獨立董事至少要佔三分之一。在 2004 和 2005 年，證監會陸續推行了一系列旨在於加強獨立董事制度的指引之後（例如發表了非標準意見／否定意見的獨立董事可以在公司相關的不當行為中免責；獨立董事可以聘請獨立審計師對有疑問的公司決策審計等等），在 2005 年開始出現非標準的獨立董事意見。Du 等人（2018）的研究發現，在 2005 年到 2010 年之間，市場對出具了非標準獨立董事意見的公司作出了負面的反應，同

時出具了非標準獨立董事意見的獨立董事有更大機會失去現有的董事席位，也更難在市場上找到新的獨立董事席位。市場整體而言，非標準獨立董事意見從 2005 年的 48 個減少到 2010 年的 6 個。

機構投資者

小股東又可以區分為個人和機構股東。機構股東或投資者包括保險公司、退休金公司、銀行、投資信託基金和單位信託基金，他們一般僱用專業的基金經理管理資產，並分散投資在不同公司的股票和債券上。相比個人投資者，機構投資者會更積極和活躍地與所投資公司的管理層或董事溝通聯絡，有更多的資源去獲取資訊，進而對公司和董事會作出有效的監察，這也使得管理層和董事會重視其看法和作出相應改變。當所投資企業出現問題，與個人投資者經常「以腳投票」的方式不同，機構投資者由於持股數量較大，拋售股票的成本較高，他們更願意代表其客戶的利益，積極促使企業作出改善而非賣出股票。

但是，至今在整個亞洲地區（不包括日本）我們還沒有足夠的關於機構投資者增強企業管治的實證證據。Claessens and Fan（2002）認為可能的原因之一，是這些地區的機構投資者有一個重要作用是保薦，即當股權集中、小股東權益有可能被大股東侵佔時，大股東就會通過引入機構投資者，借助他們的市場聲譽增強小股東的投資信心，幫助企業順利融資。另外，機構投資者包括財務分析師，因為他們自身利益

的考量，即他們與所投資公司的其他業務，往往不會主動披露企業經營或管治上的問題。最後，Claessens and Fan（2002）也提到，由於在亞洲地區，整體上關於公司的資訊披露不足，公司經營的透明度較低，機構投資者也因此無法有效地監督大股東，發揮企業管治作用。

外部機制
收購與兼併

收購與兼併作為傳統的外部企業管治機制之一，除英美以外，在其他國家和地區都相對薄弱。特別在亞洲地區，惡意兼併收購非常少見（Claessens and Fan, 2002）。根據 2016 年香港兼併與收購報告（2016 Mergers and Acquisitions Report: Hong Kong），香港近年兼併與收購的趨勢，主要來自於本地大型企業集團的內部整合重組，例如 2015 年長江實業與和記黃埔的合併。因此，對香港而言，來自外部的收購與兼併很難成為一個有效的企業管治、保護小股東權益的機制。相反，在亞洲的其他國家，研究者發現兼併與收購可能成為大股東侵佔小股東權益的一個途徑。例如 Bae 等人（2002）發現，在韓國大型企業集團的實際控股股東會通過兼併收購來增加自己的財富而犧牲收購公司中小股東的利益，因為兼併收購後，收購公司的股價會下跌，而集團內部其他公司的股價會上升。

外部審計

在股權高度集中的情況下，控股股東想盡量消除小股東對自身權益被大股東侵佔的擔心和顧慮，他們就有意願聘請高品質的審計師去增強財務報表的可信度，從而增強小股東對公司的信心，進而降低融資成本。如果這一類的公司確實聘請了高品質的審計公司，審計公司又是否會確實發揮監督作用呢？Fan and Wong（2005）採用亞洲八個國家和地區的樣本（包括香港），對外部審計是否能發揮企業管治作用這一問題作了深入的研究。他們的研究發現，股權集中度愈高的公司更有可能聘請五大審計公司[1]（「五大」代表更高的審計品質），而同時這些大的審計公司也會對這些公司收取更高的審計費用，執行更嚴格的審計標準。綜合來看，即外部審計在一定程度上發揮了企業管治的作用。當然，在個別案例中，也會有五大或四大審計師審計失敗的情況。

訴訟補救

訴訟補救是對小股東權益的保護，它是在沒有其他有效解決途徑下的最後救濟管道，也是公司管治對大股東的外在制衡之一。在訴訟補救方面，中小股東可向法院申請衍生訴訟、對不公平地損害股東權益的補救、以公正公平的理由申

1　這一研究的樣本是在 2001 年之前，當時的五大會計師事務所是 Ernst & Young、Deloitte & Touche、Arthur Andersen、KPMG 和 PricewaterhouseCoopers。在 2001 年安隆事件之後，其會計師事務所 Arthur Andersen 倒閉，五大會計師事務所變為現在的四大會計師事務所。

請公司清盤的補救等。

衍生訴訟

　　公司法保護小股東的利器之一是股東衍生訴訟。若要討論衍生訴訟在普通法上的背景，就要從公司的資本多數決原則和衍生訴訟的經典案例說起。

　　在公司，資本多數決原則雖然令公司的決定能夠反映大多數股東的意見和願望，但同時不可避免的，是小股東的地位和表決權處於相對弱勢。在關於公司股東訴訟的經典案例 Foss V Harbottle 一案中，法院確立了「適格原告」及「程式不當」兩個原則。在這個經典案例中，兩名股東希望能夠就一名董事違反義務而起訴該董事。法院判決認為董事的信義義務僅針對公司而言，義務對象並非股東，因而股東並沒有資格提出訴訟。換言之，公司而非股東才是適格的原告。這就是案件確立的第一個規則，「適格被告」規則。該案件確立的第二個規則是「程式不當」規則，即如果董事作出的任何不當決定或程式上的糾偏能夠以股東會決議的方式在公司內部予以糾正，股東們就此糾正的意圖表達是清晰的，法院就不傾向以外部訴訟來解決該糾紛，即不能再基於此提起訴訟。（見 Foss V Harbottle [1843] 67 ER 189）

　　那麼，當董事違反公司法或者普通法下的義務時，既然公司是受害者，公司又應如何起訴該董事呢？一般而言，起訴的權力會被授予董事會，不過鑒於公司法總是在股東大會和董事會這兩個最為重要的公司機關的權力設置上力求平

衡，某些狀況下可能公司章程也會將起訴與否的權力保留給股東大會。如果該起訴的權力為董事會所擁有及行使時，董事會的決定即可視為公司的決定。比如，如果董事會作出決議不再就某事項提起訴訟，也就代表公司不可能再繼續追究了。

在 Foss V Harbottle 一案的判決背後有許多利益的衡量，證明了為何應由公司而不應當是股東來提起訴訟。如果被告只是公司而非單個股東，就不會出現重複的股東訴訟。比如，公司因有其獨立性，故此只有公司而非股東，能夠基於公司自身利益判斷訴訟的得益，即以成本收益分析，來決定是否進行訴訟。再比方，法院理論上不願意介入公司的內部事務，如果公司能自行處理這些事務，法院更願意讓公司通過內部程式（如會議及決議的方式）來討論這個決定等等。Foss V Harbottle 案件確立的這兩個規則，對小股東保護自己的權利，尤其在侵權人損害公司，間接或者直接損害到股東個人利益的時候，是不利的。因此，普通法規則後來通過演變和發展，盡量保護小股東的衍生訴訟。所謂衍生訴訟，指的是股東個人以公司的名義代表公司而提起的訴訟。本來，如果公司利益受損，應當由公司自身提起訴訟，然而，如果公司拒絕或者由於其他原因無法提起訴訟，那麼股東個人也可以在普通法下提起訴訟。「衍生」一詞，源於股東的權利，歸根溯源，是從公司的訴訟權利衍生而來。公司的訴權是衍生訴訟中股東的訴權的基礎。試想，小股東因為受資本多數決原則的限制，在公司內部大部分決定的形成過程中，本來

就沒有多少話語權，如果再不能通過訴訟保障自己的權利，那麼對他們的基本權益的保護勢必更加薄弱。

那麼，在普通法下，何時可以提起衍生訴訟呢？一般而言有兩種情形，第一種是公司從事了公司目的以外的行為或者違法的行為；第二，當欺詐發生時。

第一種情形，比方公司從事違法行為的時候，如公司違反法律規定，沒有正當理由返還股東權益而返還，或者公司在宣佈了派息之後又拒絕派息，這些情況下股東可以通過訴訟制止這種不當行為。本來這種訴訟可以被認為是個人利益受損的一種個人訴訟，但當股東訴訟的救濟目標涉及公司權益，比如追回公司財產時，這種訴訟就會通過衍生訴訟的方式來進行。（見 Greenberg and Core Resources (HK) Ltd v Rund (1988)）

第二種情形，即欺詐的情形，一般是由於欺詐人正是公司的實際控制人，在這種情況下，由於欺詐人控制公司的各個方面，可能是絕大部分股權，可能是在董事會的影響力，總之，該欺詐人能夠影響公司方方面面的決定，自然包括公司訴訟（他本人）與否的決定。這種情形下如果不允許衍生訴訟，其他人不能借由公司名義起訴欺詐人，欺詐人就將逍遙法外。

不過，需要特別注意的是，這裏的「欺詐」與平日用語中的「欺詐」有所不同，當中具有特別的法律含義。它是特指當多數股東濫用他們的權力時的違規行為，這裏的「欺詐」並非「詐欺」、「撒謊」，而是「濫用」、「不當」之意。這裏的

「欺詐」也可包括董事違反信義、義務的情形，比如董事竊取公司財物或者擅自牟利等。那麼，當董事違反義務的時候，需要再行區分董事是故意或過失的心態下違反以決定是否構成欺詐嗎？答案是：一般而言，過失的狀況不視為「欺詐」，除非案件事實還顯示他們有個人得益。（見 Pavlides v Jensen [1956] CH 565）所以，具體規則是，在董事故意違反義務的情況下，一般可以視為普通法上衍生訴訟的緣由之一。而董事違反義務，但出於過失的心態情況下，要再進一步審視其是否從中獲得個人利益。如果獲得個人利益，則為「欺詐」；如果沒有，則不構成「欺詐」。（見 Daniels v Daniels [1978] 2 All E.R. 89）

那麼，「控制公司」的「控制」又作何解釋呢？一般而言，控制既可是股權或者表決權的控制，如佔股比例，也可以是控制董事會作出決定的機關。那麼，讓我們假設一種極端的情況，如果欺詐人本身並不是大股東，但由於他造成了「公司僵局」——一種令公司通常作決定的機關陷入癱瘓，以至於公司無法通過任何關於訴訟的決定，這可不可以認為是一種「控制」，即「控制」的要件也滿足了呢？答案是肯定的，並且為案例法所佐證。因為這種情況下，實際效果如同控制了公司而令公司無法通過訴訟的決定一般。（見 King Pacific International Holdings Ltd v Chun Kam Chiu (2002)）

正如前文所述，普通法下的衍生訴訟，一般有兩種情形。除此之外，普通法下的衍生訴訟有一種相對不常見的情形，即「為正義的理由」。但是何為「正義」是個異常抽象的

概念。英國上訴法庭也承認「正義」的標準既不確定又頗複雜。與前面提及的兩種普通法下的派生訴訟相比，這種情形並不容易類型化，不過總體而言取決於案件本身的情形，也取決於不同的普通法法域對於能夠觸發該種情形的核心概念——「正義」的具體理解。（見 Estmanco (Kilner House) Ltd v Greater London Council [1982] 1 WLR 2）總而言之，衍生訴訟必須基於公司的最佳利益，而非股東個人的考慮而提起。

　　普通法下的衍生訴訟在程式方面需要注意一些要點：比如，令狀的程式性要求必須滿足，股東必須是登記在案的股東，而非前股東或者權益股東；如果訴訟人本身行為失當，就會阻滯該衍生訴訟。此外，如果公司處於清算的狀態，一般認為清算人在「控制公司」，並非是侵權者在控制公司，因此衍生訴訟也不會被允許。（見 Ferguson v Wallbridge [1935] 3 DLR66 and Fargo Ltd v Godfroy [1986] 3 ER 279）

　　衍生訴訟除了存在於普通法下（案例法），也有規定於《公司條例》中的衍生訴訟，即法定衍生訴訟。公司法中規定衍生訴訟，是有鑒於案例法中發現，股東進行普通法下的衍生訴訟有種種不便利及考量，比如費用、追認、訴訟資格等等。公司法中的衍生訴訟體現於香港公司法 2014 年修法之後的《公司條例》第 14 部分。法定衍生訴訟，相較普通法下的衍生訴訟，最大的不同是要件的不同。法定衍生訴訟有兩個要件：第一，法律程序：股東必須徵得法院許可，第二，必須滿足「不當行為」（misconduct）的要求。

　　以下將對公司法中的衍生訴訟的兩個要件進行進一步的

探討。第一個要件,股東必須獲得法院許可或批准。那麼法院一般會考慮甚麼因素作出或者拒絕作出該項批准呢?法院一般結合案例事實考察如下問題:

(1) 一旦許可作出,公司的利益會如何被影響?因為公司可能有正當的商業理由不願意進行訴訟。此外,如果是集團公司,公司需要考慮的利益,情境可能有所不同。公司的利益還可能基於公司在該案上是否有優勢和贏面而不同。

(2) 是否有實質性的問題需要進入審判?這個問題主要是針對訴訟人的訴訟目標,或者所尋求的救濟而言。

(3) 公司是否有作出努力提起訴訟?

(4) 股東是否以書面通知公司其提起派生訴訟的意向?

(5) 雖然法院會綜合考量,這些問題是互相獨立的。

　　第二個要件,是「不當行為」要件。根據《公司條例》第731條的釋義,「不當行為」指欺詐、疏忽或違反責任,亦指在遵從任何條例或法律規則方面的錯失。這比普通法下的「欺詐」範圍更為廣泛。換言之,普通法下不能進行衍生訴訟的情形可能在法定衍生訴訟下被許可。同時,不當行為在公司法中也並非僅僅針對董事,可以是任何人損害公司利益的不當行為。根據《公司條例》第732條,如有人對某公司作出不當行為,該公司的任何成員或該公司的有聯繫公司的任何成員若獲得原訟法庭根據《公司條例》第733條批予的許可,即可代表該公司,就該行為在法院提起法律程式。如因對某公司作出的不當行為,以致該公司沒有就任何事宜提起法律

程式，又或如因對某公司作出的不當行為，以致該公司沒有
努力繼續進行或沒有努力中止任何法律程式，或沒有努力在
任何法律程式中抗辯，該公司的任何成員或該公司的有聯繫
公司的任何成員可獲得原訟法庭根據第 733 條批予的許可。
一旦法院的許可做出，股東被允許進行法定的衍生訴訟，那
麼，根據法律規定，只有法院能再度批准該訴訟中止或者調
解。這種規定的目的，是防止股東基於某些個人的考量（如
個人得益），而在提起訴訟之後與對方妥協，損害公司的利
益。

　　法定的派生訴訟不可避免涉及訴訟費用的問題。《公司
條例》第 738 條（3）款規定，原訟法庭可就以下訟費，作出
它認為合適的命令：「原訟法庭須信納有關成員提起或介入
有關法律程式或提出有關申請是真誠行事並有合理理由，方
可根據本條，就訟費（包括關於彌償的規定）作出有利於該成
員的命令。」如果法院認為股東是基於善意，並且有合理的
原因產生的與派生訴訟相關的費用，則相關費用將會由公司
承擔。法院在費用問題上有不小的自由裁量權。一般來說，
只要沒有證據顯示股東有着甚麼額外的目的，或者不法的利
益，在涉及他提起的衍生訴訟的時候，股東就可以被視為是
「善意」的。

　　那麼，鑒於香港法既規定了案例法下的衍生訴訟，也
規定了法定衍生訴訟，於是就出現了兩個問題。第一個問
題是，為何在已經有法定衍生訴訟、且法定衍生訴訟之下的
範疇廣於普通法下的時候，不直接取消普通法下的衍生訴訟

呢？原因是二者並非完全重疊，可能在某種特殊情形之下，適用普通法下的派生訴訟更為適當。還有一個重要的理由是，保留普通法下的派生訴訟會令外國公司提起訴訟時更為便利。第二個問題是，既然二者並存，如何選擇呢？首先，法定衍生訴訟並沒有取代案例法下的派生訴訟，兩者並行，一方面意味着股東可以選擇何種更為適合，另一方面則意味針對同一事由，股東不可提起並行的衍生訴訟，只能選擇其一。如果原告已經提起法定衍生訴訟，那麼之後的普通法下的訴訟將會被終止；反之亦然。而且，這並非限於同一股東的情形，即使不同股東基於同一事由提起衍生訴訟，比方股東A就該事由提起法定衍生訴訟，B就該事由提起普通法下的衍生訴訟，法院也將依照相關規則裁定該訴訟如何繼續。

對不公平地損害股東權益的補救

關於保障小股東權益，以下將略談《公司條例》第724條有關對不公平地損害成員權益的補救的條文。第724條規定，原訟法庭如應公司成員提出的呈請：（a）認為公司的事務，正以或曾以不公平地損害眾成員或某名或某些成員（包括該成員）的權益的方式處理；或（b）公司某項實際作出或沒有作出的作為（包括任何代表該公司而作出或沒有作出的作為），或該公司某項擬作出或不作出的作為（包括任何代表該公司而作出或不作出的作為），具有或會具有（a）段所述的損害性，法庭則可行使權力，以提供補救。同時，《公司條例》的附屬法例——《公司（不公平損害呈請）法律程式規則》，

訂明對不公平地損害股東權益的補救作了清晰的呈請步驟。

《公司條例》第 724 條對不公平地損害成員權益的補救界定了以下三方面情況。

第一方面，在不公平地損害股東權益的補救上，受傷害的主體是股東，所以提出呈請的是股東。第 724 條的股東沒指明必須是小股東，只要是股東的身份便可以了，亦即是說大股東也可以以第 724 條提出呈請，如 Luck Continent Ltd v Cheng Chee Tock Theodore & Ors [2013] 5 HKC 422 一案中，提出呈請的便是大股東。由於大股東在公司事務上有決策權，在實際應用上，第 724 條多為保障小股東權益。另外，第 724 條所指的股東，包括香港成立的本地公司的股東及前度股東（及其遺產代理人）及外地成立而於香港設立營業地點的非香港公司的股東及前度股東（及其遺產代理人）。

第二方面，小股東要證明公司作出或沒有作出了一些行為，而該行為乃公司的事務。那公司行為可以是現在式、過去式或將來式，即公司「現在」、「曾經」及「擬」發生的行為。公司的行為可以是「現在」正進行中的行為，亦可以是「曾經」發生過而現在已經完結的行為；同時，也可以是公司未實行的「擬」發生行為。亦即是說，小股東不用等待有結果才可作申訴，他們可就只是在建議階段的行動，又或只是揚言作出或不作出某些作為的情況，提起有關不公平損害的訴訟。

第三方面，小股東要證明公司的行為不公平地損害小股東，而這亦是最複雜的一點。依據上文第二點，小股東訴訟範圍的涵蓋面可非常廣泛，小股東可挑戰公司及其董事代公

司作出的決定或不作為，因為這些都是屬於公司的事務。然而，並不是所有公司事務都可受到挑戰，法庭只接受不公平地損害小股東的作為或不作為，所以法庭並不會判定商業決定的對與錯。一般而言，除非公司董事瀆職或疏忽，否則法庭並不會受理公司與小股東這兩方在商業方針上的意見分歧。

然而，《公司條例》並沒有對「不公平地損害」作出解釋，通常法庭對這解釋亦較為寬鬆，以使股東更能適用此條例。在 Re Taiwa Land Investment Co Ltd [1981] HKLR 297，「不公平」及「損害」要兩者並存，而且亦對「不公平」及「損害」作了以普通意義上的闡釋。另外，「不公平」是從客觀標準出發，而非主觀的標準，亦即是說「不公平」應該是從一個合理的旁觀者的角度觀察該行為引起的後果，從而判定該行為是否對小股東不公平，小股東是不用證明大股東或董事是蓄意或存心對小股東不公平的。（見 Re Tai Lap Investment Co Ltd [1999] 1 HKLRD 384）

一般情況下，如公司或董事不按照公司章程而損害股東權益，這行為便可以屬於損害小股東權益的行為。公司章程是公司成立時所制訂的運作形式條款，是股東之間、以及股東跟公司之間的合同，每一位公司股東都要受這些章程條款制約，具有法律效力，所以，小股東可以以公司或董事不按照公司章程行事而損害到股東權益的行為提出呈請。同時，法庭並不會只參考公司章程的條文而判定該行為是否有損公司權益的，因為有很多公司都是以家庭成員或朋友為股東和董事而組成的，此種公司又可稱為半合夥公司，其運作模式

建基於彼此長時間相處而建立的信賴、默契和信心，並不一定和公司章程相符。因此，如公司的運作模式突然有悖於慣常的模式，而不符合小股東的合理期望，法庭亦有可能判定此公司行為不公平地損害小股東權益。一般而言，不公平地損害股東權益的行為包括：公司或董事違反了股東之間的默契與承諾的行為；不按照公司章程不恰當地罷免董事的行為，而該董事亦是股東；公司董事濫用權力執行不合法的行為等。

　　法庭在處理不公平地損害成員權益的補救的判決上有較廣泛的權力。《公司條例》第 725 條規定法庭可以作出它認為合適的命令，以就第 724 條所述的事情提供濟助。法庭可作出以下任何或所有命令：如頒佈禁制令、以公司名義提起法律程序、委任接管人或經理人處理公司的財產或業務、規管有關公司的事務在日後的處理方式、命令有關公司的任何成員購買該公司另一成員的股份、命令有關公司購買其任何成員的股份，並相應地減少其資本，或可命令該公司或任何其他人向該成員支付原訟法庭認為合適的損害賠償，以及原訟法庭認為合適的該等損害賠償的利息。由此可見，法庭在判決上有較廣的權力，更能保障小股東的權益。

以公正公平的理由申請公司清盤的補救

　　根據《公司（清盤及雜項條文）條例》第 177(1)(f) 條，股東可以向法庭提出呈請將公司清盤，法院如認為將公司清盤是公正公平的，公司可由法庭清盤。第 177(1)(f) 條裏的股

東申請人跟前一節第 724 條不公平地損害成員權益的補救一樣，股東亦不一定是小股東，只要是股東的身份便可以了。而且，不只是股東可以申請呈請，申請人還可以是公司、債權人等。

第 177(1)(f) 條規定清盤的準則為公平公正，所以股東基於公平公正為由作出的呈請，只需符合公平公正的理由，應用範圍廣泛，法庭在考慮所有有關因素將判定公司應否清盤。基於從前案例，較常見的清盤情況包括：（1）爭議陷入僵局的情況。在 Re Yenidje Tobacco Co Ltd [1916] 2 Ch 426 一案中，股東各持公司半數股份，公司股東和董事會又各自分成兩派，各持己見，兩派亦無法以大比數壓倒對方，以致公司無法正常運作，法庭可能會頒佈公司清盤。另外，一些常見的僵局如長期不召開股東大會或董事會。又或是公司章程擬定的股東大會或董事會開會法定開會人數為兩人，公司只有兩名股東兼任董事，一方召開會議，另一方則缺席，由於沒有足夠法定人數開會，會議便開不成，就算一方開會，在沒有足夠法定人數下開的會議亦會是無效的，公司便無法正常運作。（2）建基於信賴、默契和信心的運作模式已不存在。在 Ebrahimi v Westbourne Galleries Ltd [1973] AC 360 (HL) 一案中，原始股東的合作是建基於前一節所述的半合夥公司運作模式，彼此既是股東又是董事，一同營運公司，股東間對彼此關係有信心，信賴對方，大家合作亦有默契，但其後小股東被董事會罷免，就算罷免是依據公司章程依法定人數通過此罷免，這行為並不符合小股東的合理期望；當股東彼

此間的信賴、默契和信心已不復存在，法庭亦可能會頒佈公司清盤。（3）成立公司的目的已達致或失敗。如果公司章程或股東之間的協議約定公司成立目的，而目的已達成或已失敗，又或約定公司成立設定營運期限，而期限已過，小股東希望依約解散公司而不得要領，法庭可以頒佈公司清盤。（見 Re Mediavision Ltd [1993] 2 HKC 629）

由於將公司清盤應是一個萬不得已的辦法，法庭在考慮清盤申請時，會靈活地考慮各項因素。其中一個法庭考慮清盤申請時的因素，是申請人有否因為自己的過失而令公司遇到難關，雖然有過失的小股東並不一定會影響第 177(1)(f) 條的呈請，但在 Re Shiu Fook Co Ltd [1989] 2 HKC 342 一案中，如果申請人的過失會引發公正公平的問題，法庭可能會拒絕清盤的申請。

另外可考慮的因素，就是有沒有其他補救方法，如第 724 條不公平地損害成員權益的補救，但就是有其他補救方法也不一定可拒絕股東的清盤申請。根據第 180（1A）條，如果呈請是由公司股東身份提出，其理由是將公司清盤是公正公平的，法庭不得僅以呈請人尚有其他補救方法而拒絕作出清盤令，但如法庭同時認為呈請人尋求將公司清盤而不採用該其他補救方法屬不合理，則屬例外。法庭會考慮小股東有否先尋求其他合理解決方案，清盤令應是股東尋求不了其他解決方案的最後一着。雖然如此，即使有其他補救方法，如清盤令比其他補救方法更合適，法庭亦可能會頒佈公司清盤。

　　同時，公司的資產狀況也是其中一個考慮因素，但並不是決定性因素。根據第 180（1）條，法庭聆訊清盤呈請時，可將清盤呈請駁回，或將聆訊附帶條件或不附帶條件押後，或作出任何臨時命令或任何其他法庭認為合適的命令，但法庭不得僅以公司的資產已予按揭，而按揭所保證款額相等於或超過該等資產所值款額為理由，或以公司並無資產為理由，而拒絕作出清盤令。但當公司資產健康及營運成功，股東又有其他合理的補救方法時，法庭可能不會頒佈公司清盤。

　　再者，法庭在考慮公平公正的理由時，並不會以商業原因如經營不善而頒佈公司清盤。假如只因公司經營不善，達不到小股東的期望，以致有小股東希望抽身而出，但其他股東則希望繼續營運，而小股東離開並不牽涉董事失職或疏忽，法庭並不會因此而頒佈清盤令。

　　上一節《公司條例》第 724 條對不公平地損害成員權益的補救，與清盤條例第 177(1)(f) 條以公正公平的理由申請公司清盤的補救都與公平有關，但並非完全一樣。如前述，前者的焦點是不公平地損害成員權益的行為，符合清盤條件的情況不一定是不公平地損害成員權益的行為，符合不公平地損害成員權益的情況亦不一定需要將公司清盤，所以兩條條文有重合的地方，但並非完全重疊。小股東基於不同情況，呈請合適的補救，以更能保障他們的權益。

中金再生清盤案
基本案情 [2]

　　中國金屬再生資源（控股）有限公司（港交所除牌前 0773.HK，簡稱中金再生）是一間從事廢金屬回收再加工的公司。中國金屬再生資源是由秦志威及王學良於 2000 年在香港創立，公司總部設在廣州。中國金屬再生資源使用電弧爐將廢金屬加工再造，較使用高爐煉鋼節省鐵礦石及焦炭，而且可減少能源消耗及污染排放。

　　2009 年 6 月，中國金屬再生資源於香港交易所上市，招股價為 5.18 港元，集資 17.87 億元，首日上市較招股價上升 22%。上市前的銷售額為 19 億，保薦人為瑞銀。而上市後的 5 年憑藉 117% 的年複合增長率，已成為銷售額 520 億港元的「巨無霸」，這樣高速的增長率已遠遠超越同樣在港上市的同行。高速的增長率吸引了眾多投資界的巨頭，包括西京投資、JP 摩根、挪威銀行、德雷馬家族旗下的 IGM Financial。

　　2013 年 1 月 27 日中國金屬再生資源公佈，控股股東兼主席秦志威將向央企中國節能環保集團公司出售 3.41 億股，佔已發行股本的 29%，套現 34.06 億港元。收購完成後秦志威旗下 Wellrun Ltd. 仍持有中金再生已發行股本約 23.1%，不再為公司的控股股東，中國節能環保將持有 29% 權益，成為公司的單一最大股東。但在消息公佈後的第三日，靠沽空獲利的研究機構 Glaucus 指控帳目造假，其在報告中指出：「中

2　對基本案情的描述主要引自維基百科。

2012 年 6 月 30 日中金再生前五大股東

股東	控制人	持有上市公司股份	按停牌價估算的市值（億港元）
好運有限公司	秦志威夫婦	51.09%	55
IGM Financial Inc.	加拿大德馬雷家族	7.00%	7.5
JP Morgan Chase Co.	JP 摩根	6.90%	7.4
Altantis Capital Holdings Limited	西京投資	6.00%	6.5
Norges Band	挪威銀行	5.90%	6.4

金再生聲稱致力成為中國最大的廢金屬回收商，但這是個謊言，公開資訊表明，它是個明目張膽的老千」，「它極度誇大了銷售和商業規模」，「中金再生一文不值」，「投資者最終會一無所有」，並將它的目標價定為零。做空報告一經公開，股價每股跌至 9.4 元附近，中金再生被緊急停牌。

　　同年 7 月香港證監會罕見地動用《證券及期貨條例》第 212 條清盤令及破產令，入稟香港高等法院，申請將公司清盤。7 月 26 日香港高等法院頒佈命令，委任保華顧問有限公司的 Cosimo Borrelli 及徐麗雯為公司臨時清盤人。清盤人保華顧問僅在獲任後的第 5 天，就對秦志威夫婦提出控告，並向法院申請凍結了包括他們夫婦在內大約 17 億港元的資產。不過因證據不足，法院將秦志威妻子黎煥賢及兩家供應商的凍結令解除。證監會之後調查得到的證據顯示，公司上市時在招股章程及 2009 年年報內，誇大公司財政狀況，公司的業務規模及其主要附屬公司的收益亦被誇大，其中附屬公司在

2007 年、2008 年及 2009 年聲稱向三間主要供應商採購的金額，絕大部分更屬於虛構，而且金額更連續每年逐步擴大。證監會指，中金再生目前仍存在業績失實問題，換句話說，中金可能由上市前三年開始，至去年底已經是連續六年業績報大數。根據上市招股書，中金再生核數師兼申報會計師為德勤・關黃陳方會計師行，瑞銀及招商證券（香港）則為聯席保薦人。

　　2016 年 2 月 4 日，根據港交所發出的通告指出，由於中金再生於 2016 年 1 月 17 日前並無提交任何建議方案為該等事項作出補救，因此以按照《上市規則》的規定予以取消上市資格。

投資者權益保護

　　關於香港證監會首次動用法定權力，向法庭申請將懷疑涉及假帳的上市公司清盤事件，投資界最大疑問是這是否符合保障投資者利益的原則。但有熟悉監管法規人士認為，除了保障投資者外，香港證監會亦應考慮包括債權人在內的整體公眾利益，及時出手可避免再有銀行等債權人因失實財務資料而受損。在公司清盤過程中，作為上市公司股東的投資者，取回權益的排名次序遠低於債權銀行、員工、供應商以至債券持有人等債權人。此外，在清盤過程中清盤人如何變賣資產，保障投資者利益也是一大挑戰。

　　在停牌前市值高達 110 億元的中金再生，即便按照其之前公佈的 2012 年年中的財務報表，其財務狀況也並不樂觀。

據財務報表顯示，公司截至 2012 年 6 月底，總資產雖約 226 億港元，但當中有約 151 億元為應收帳款及票據，根據證監會已披露的銷售造假的資訊，估計能收回的比率極低。同時，集團短期的銀行借款高達 53 億元，各種應付款、應付票據，再加上貼現票據更高達 103 億元。因此，公司隨時可能資不抵債，而股票投資者將會血本無歸。

時至 2018 年中，中國金屬再生資源（控股）有限公司仍在強制清盤中。證監會對中國金屬再生資源（控股）有限公司及其控股股東秦志威指控的審理也未有結果。

總結

當大股東掠奪和侵佔小股東權益時，就需依靠內部及外部機制有效地監督大股東，例如委任獨立董事、外部審計、衍生訴訟、對不公平地損害股東權益的補救、以公正公平的理由申請公司清盤的補救等，從而發揮企業管治作用，以保護小股東權益。

（陳耿釗、李梅芳、姚易偉）

參考資料

《公司條例》

《公司（清盤及雜項條文）條例》

《公司（不公平損害呈請）法律程式規則》

Anderson, R. C., D. M. Reeb (2004)."Board Composition: Balancing Family Influence in S&P 500 Firms," *Administrative Science Quarterly*, 49: 209-237.

Bae, K. H., and S. W. Jeong (2007)."The Value-relevance of Accounting Information, Ownership Structure, and Business Group Affiliation: Evidence from Korean Business Groups," *Journal of Business Finance and Accounting*, 34: 740-766.

Claessens, S., J. P. H. Fan (2002)."Corporate Governance in Asia: A Survey," *International Review of Finance*, 3: 71-103.

Claessens, S., B. B. Yurtoglu (2012)."Corporate Governance in Emerging Markets: A Survey," *Working Paper*, Bank for International Settlements.

Du, J., Q. Hou, X. Tang, Y. Yao (2018). "Does Independent Director's Monitoring Affect Reputation? Evidence from Stock and Labor Markets," *China Journal of Accounting Research*, 11: 91-127.

Fan, J. P. H., T. J. Wong (2005). "Do External Auditors Perform a Corporate Governance Role in Emerging Markets? Evidence from East Asia," *Journal of Accounting Research*, 43: 35-72.

Lo, S. and Qu, C. (2018). *Law of Companies in Hong Kong* (3rd ed.). Hong Kong: Sweet & Maxwell.

Stott, V. (2015). *Hong Kong Company Law* (14th ed.). Hong Kong: Pearson.

第 **11** 章

股權結構與企業管治

股權結構與企業管治模式

　　每個國家的上市公司的股權架構都不同，但可以歸納為以下的形式：

1. 股權分散型（diverse ownership）

　　有些國家特別是英美兩國，股份由大眾投資者直接或間接擁有。直接投資者包括投資者本人，間接投資者包括機構投資者如退休基金、互惠基金和保險公司。這類公司股權分散，並沒有明顯的大股東，也沒有單一股東能對公司的管理層發出指令。在這種商業模式下，行政總裁（CEO）往往是最具權力的決策者。例子包括大企業如大型電腦生產商國際商業機器（International Business Machine）、清潔用品製造商寶潔（Procter and Gamble）等。以國際商業機器而言，在2018 年 5 月，其最大投資者為領航集團（Vanguard Group），但亦只佔公司總股權的 2.5%，而行政人員、董事等持股不及0.04%。

2. 國家控股型（state ownership）

　　有些企業的主要股東是國有機構，國家政策及官僚系統對這類企業有一定的影響力，例如俄羅斯天然氣工業股份公司（Gazprom），主要在莫斯科和倫敦上市，其股權超過一半是由俄羅斯政府所控制。根據 2016 年年報，中國石油化工股份有限公司（Sinopec: China Petroleum and Chemical Corporation），亦有 70.9% 股權由國家持有[1]。這些機構有國家支持，但政府官僚系統的臃腫及無效率都會在這些機構出現。表 1 列出 2014 年 12 間中國最大的上市公司資料，全部都是國家控股企業。

表 1：2014 年 12 間中國最大上市公司

		Revenue in US$billion (2014)	Global 500 rank
Sinopec Group 中國石化	SOE	448.8	2
China National Petroleum 中國石油	SOE	428.6	4
State Grid 國家電網公司	SOE	339.4	7
Industrial and Commercial Bank of China 中國工商銀行	SOE	163.2	18
China Construction Bank 中國建設銀行	SOE	139.9	29

1　資料來源：http://www.sinopecgroup.com/group/en/Resource/Pdf/AnnualReport2016en.pdf

Agricultural Bank of China 中國農業銀行	SOE	130.0	36
China State Construction Engineering 中國建築工程總公司	SOE	129.9	37
Bank of China 中國銀行	SOE	120.9	45
China Mobile Communications 中國移動	SOE	107.5	55
SAIC Motor 上汽集團	SOE	102.2	60
China Railway Engineering 中國鐵路工程總公司	SOE	99.5	71
China National Offshore Oil 中國海洋石油總公司	SOE	99.2	72

資料來源：Fortune China's Global 500 Companies are bigger than ever and mostly state-owned Global 500 by Scot Gendrowski July 22, 2015.

3. 機構控制型（institutional ownership）

在美國，機構投資者佔了大企業投資者的三分之二，機構投資者包括退休基金、主權基金、互惠基金及對沖基金。機構投資者可分為被動投資者和主動投資者。主動投資者試圖通過自己投票及呼籲他人投票來更換管理層。當股價大有改善時，機構投資者便會善價而沽，從中獲利。在歐洲，銀行或金融機構控制了上市公司的股權或投票權達35%，例子是德國電訊（Deutsche Telekom），其股權中17.4%是由KFW發展銀行（KFW Development Bank）所擁有，14.5%由德國聯邦政府所擁有，其他52%是由各機構投資者所持有，其餘

16%為零售投資者所持有 [2]。在意大利，一些股東通過投票信託（voting trust）的方法，投票時共同進退，以期組成強大的力量與管理層抗衡，這也是機構控制的一種。

4. 家族控股型（family ownership）

東南亞國家很多上市公司被緊握在家族手裏，家族的成員更擔任公司董事和許多高級行政職位。據估計在 1997 年初，香港最富有家族控制了香港交易所總市值的一半 [3]，近期這數字下降是因為內地國企及民企在港上市愈來愈多。據 2016 羅兵咸永道研究報告指出，六成以上香港的私有企業屬於家族企業，香港的十五大家族掌控的資產創造了 84% 的全港國民總收入（GDP）[4]。這些公司往往是繼承制，而且公司的管理層也往往為家族人員包辦，主要控股人亦為管理人。表 2 列出知名香港家族控股公司的創辦人或繼承人。

2　資料來源：Shareholder structure of Deutsche Telekom,https://www.telekom.com/en/investor-relations/company/shareholder-structure

3　資料來源：何順文、高衍璋，《企業管治：上市公司問題分析》。香港：匯智出版有限公司，2008 年。

4　資料來源：South China Morning Post (13 May 2017): Hong Kong's family businesses need to enhance governance to succeed (http://www.scmp.com/business/companies/article/2094146/hong-kongs-family-businesses-need-enhance-governance-succeed)

表 2：知名香港家族上市公司例子

公司	創辦人	下一代重要家族成員	
長和集團（0001）	李嘉誠	李澤鉅（長子）	已繼承
恒基地產（0012）	李兆基	李家傑（長子）	
東亞銀行（0023）	李國寶	李民橋（長子）	
大快活集團（0052）	羅芳祥	羅開揚（子）	已繼承
合和實業（0054）	胡應湘	胡文新（長子）	
蜆殼電器（0081）	翁佑	翁國基（長子）	已繼承
德昌電機（0179）	汪松亮	汪穗中（子）	已繼承
大新銀行（2356）	王守業	王祖興（長子）	

資料來源：范博宏，2012

表 3：不同國家的股權類型

	股權分散	家族控股	政府控股	機構控股
香港	0	0.9	0	0.1
新加坡	0.4	0.4	0.2	0
日本	0.3	0.1	0	0
南韓	0.3	0.5	0	0.2
英國	0.6	0.4	0	0
美國	0.9	0.1	0	0
法國	0	0.5	0.2	0.3
德國	0.1	0.4	0.2	0.3
意大利	0	0.6	0	0.4
瑞典	0.1	0.6	0.2	0.1
瑞士	0.5	0.5	0	0

資料來源：La Porta, Lopez, de-Silanes & Shleifer（1999）。以 20% 控股計算，機構控股安排包括金融企業控股、其他機構控股及投票信託。

複雜的股權結構

　　表 4 列出東南亞企業家族持股比例，而圖 1 則為利用金字塔式控股及交叉持股的情況。從表 4 可以看到，在東南亞地區，家族持股比例很高，由日本的 9.6% 到印尼的 71.5% 和香港的 66.7% 均可說明。企業亦不少用金字塔持股（香港 21.5%）及交叉持股（香港 9.3%）的形式持有股份。此外，管理人是控股人的比例也高，有些地區達至八成（香港 53.4%）。

表 4：東南亞國家地區家族持股比例

國家 / 地區	家族持股比例	金字塔式控股	交叉持股	主要控股人亦為管理人
泰國	66.7%	12.7%	0.8%	67.5%
印尼	71.5%	66.9%	1.3%	84.6%
日本	9.6%	36.4%	11.6%	37.2%
韓國	48.8%	42.6%	9.4%	80.7%
馬來西亞	67.2%	39.3%	14.9%	85.0%
菲律賓	44.6%	40.2%	7.1%	42.3%
新加坡	44.8%	55.0%	15.7%	66.9%
香港	66.7%	21.5%	9.3%	53.4%
台灣	55.4%	49.0%	8.6%	79.8%

資料來源：Claessens et al. 2000，以 20% 為控股計算。

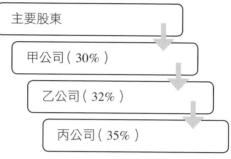

圖1：金字塔式持股

　　圖1示範用一些複雜的股權結構（例如金字塔式持股），以加大集團的控制權。例如A家族擁有30%甲上市公司，甲公司擁有32%乙上市公司，乙公司擁有35%丙上市公司的股權，其他股權都由公眾人士持有，公司並沒有其他大股東。以這公司而言，主要股東實質只擁有丙公司大概3.36%（30%*32%*35%）的股權，但卻能控制系內所有公司的運作，包括丙公司。這樣的組織架構有助家族企業擴展商業王國及影響力。但是丙公司的小股東便要小心了，因為A家族只付出3.36%，便可享有豐厚的行政人員酬金，其他96.64%便由其他股東負擔了。而這些行政人員，大都是家族成員。

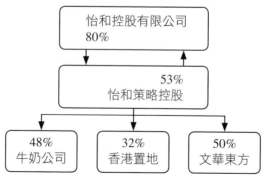

圖2：怡和控股八十年代互控情況

資料來源：Tricker 2015

　　圖 2 示範公司利用系內上市公司策略持股，減少被收購的風險，如八十年代怡和控股有限公司及其系內公司互控的情況。怡和控股持有怡策 80% 股權，而怡策也持有怡和洋行的 53% 股權，可謂牢不可破，被收購的風險小之又小。

雙層股權結構

　　最近香港經常提及同股不同權的問題，西方文獻稱之為雙層股權結構（dual share class）。所謂同股不同權是指公司會發行多於一種股票，其中一種有較高的投票權，而另一種的投票權卻明顯較低。表 5 列出谷歌（Google）公司的投票權分配和谷歌發行三種不同類別的股票等級。甲丙為公開

表 5：谷歌（Google）股權結構（2017）

	投票權	總股數百分比	投票權百分比
甲等普通股 (Class A Common Stock)	每股一票	66.01%	38.83%
乙等普通股 (Class B Common Stock)	每股十票	4.04%	61.17%
丙等普通股 (Class C Common Stock)	無投票權	29.95%	0%

附註：三個創辦人（Larry, Sergey, Eric Schmidt）擁有 92.7% 乙等股票，並擁有公司 56.7% 的總投票權。乙等普通股（Class B Common Stock）不公開流通。

資料來源：谷歌 201710-K 年報及 Yahoo Finance。

交易，而乙則為不公開交易。甲類股票是一股一票、乙類股票是一股十票，丙類股票沒有投票權。三個創辦人（Larry, Sergey, Schmidt）擁有 92.7% 乙類股，佔公司 56.7% 的總投票權。由於創辦人不願意賣掉自己辛辛苦苦創立起來的企業控制權，這種股權結構亦可以讓管理層放心大膽地運作，不用擔心被辭退或面臨敵意收購。雙層股權結構的壞處是大量權力集中在少數人手裏，如果這些人存心不良，小股東便等同送羊入虎口。2018 年 4 月，港交所發佈《新興及創新產業公司上市制度》，正式接納雙層股權結構公司的上市申請。

（林自強）

參考資料

Berle A. and GC Means. 1932. *The Modern Corporation and Private property*. New York: Macmillan.

Cheung, YL, A Stouratis, AW Wong. 2005. "Ownership concentration and executive compensation on closely held firms: Evidence from Hong Kong," *Journal of Empirical Finance*, 12(4): 511-532.

Cheung YL, PR Rau, A Stouraitis. 2006. "Tunneling, propping and expropriation: Evidence form connected party transactions in Hong Kong," *Journal of Financial Economics*, 82(2): 343-386.

Claessens, S, S. Djankov, L HP Lang. 2000. "The separation of ownership and control in East Asian Corporations," *Journal of Financial Economics*, 58: 81-112.

Djankov La Porta Lopez-de Silanes, A shleifer. 2008. "The law and economics of self-dealing," *Journal of Financial Economics*, 430-465.

范博宏：《關鍵世代：走出華人家族企業傳承之困》，北京：東方出版社，2012 年。

Fong WM and Lam K. 2014. "Rights Offering and Expropriation by Controlling Shareholders," *Journal of Business Finance and Accounting*,

41(5, 6): 773-790.

Haw, IM Ho SM Hu B Wu W. 2010."Analysts' Forecast Properties, Concentrated Ownership and Legal Institutions," *Journal of Accounting, Auditing and Finance*, 25(2): 235-259.

La Porta Rafael, Lopez-de-Silanes F, A Shleifer R Vishny. 1999. "Corporate Governance around the World," *Journal of Finance*, 417-518.

La Porta Rafael, Lopez-de-Silanes F, A Shleifer R Vishny. 2000. "Investor Protection and corporate governance," *Journal of Financial Economics*, 59: 3-27.

Tricker, B. 2015. "Corporate Governance," *Principles, Polices and Practices.* (*International Third Edition*), Oxford: Oxford University Press.

第 12 章

非政府機構的企業管治概論

「非政府機構」的定義及與「非牟利機構」或「慈善機構」的分別

以字面直接解説，「非政府機構」或「非政府組織」是指一個政府以外的組織[1]。非政府機構的英文可翻譯為 Non-governmental organizations，簡稱為 NGOs。除了不屬於任何政府，非政府機構亦不是由任何國家建立，而是獨立於任何國家政府。換言之，非政府機構是十分獨立的。所以，只要不是直接隸屬於任何自治區政府的機構也可統稱為非政府機構，具備獨立及高程度的自主性和社會參與性，並沒有政治代表權的相關問題。非政府機構可以包括營利及非營利機構，但現實環境中，非政府機構多限於非商業但合法化，並倡導地區社會文化、環境保護以至國民福祉的群體。

非政府機構早在 1945 年在美國出現。至今，全世界非政府機構的數目已高達一千萬[2]，全球曾捐獻到不同非政府機構

1　「非政府機構」及「非政府組識」是通用的。本文作者選用「非政府機構」。

2　數據資料來源：http://www.theglobaljournal.net/

已超過 14 億人次 [3]。保守估計，到 2030 年，捐獻會高達 25
億人次。以下是一些關於不同國家非政府機構的統計數據 [4]：

- 美國：擁有超過 140 萬非政府機構，並聘用了 1,400 萬美
  國居民。[5]

- 歐洲：擁有超過 129,000 非政府機構，每年捐獻款項高達
  530 億歐羅。[6]

- 澳洲：擁有超過 60 萬非政府機構，員工數量達澳洲總勞動
  人口的百分之八。[7]

- 太平洋亞洲：超過百分之五十三之居民曾捐獻到非政府機
  構。香港居民佔該百分之五十三中的百分之六十五 [8]。捐款
  主要用作兒童健康及教學之用。

　　不管一個社會有多成熟，政商界有多穩健，非政府機
構也不能被政府或商界取代。以第三方的角色，非政府機構
要獨立地解決社會問題，有效地監察社會。讀者可能較難明
白這道理，試用以下例子說明。例如：國家 A 以生產某產品
（例：產品 B）為名，產品 B 為國家 A 的國內生產總值帶來正面

3　數據資料來源：https://www.cafoline.org/

4　數據資料來源：http://techreport.ngo/previous/2017/facts-and-stats-about-ngos-worldwide.html

5　數據資料來源：http://www.bls.gov/opub/ted/2014/ted_20141021.htm

6　數據資料來源：http://www.dafne-online.eu/Pages/default.aspx

7　數據資料來源：https://www.acnc.gov.au

8　數據資料來源：http://newsroom.mastercard.com/asia-pacific/press-releases/emerging-markets-more-likely-to-donate-to-charity-while-developed-countries-give-bigger-amounts

的影響，從而令國民生活富裕，但生產過程造成嚴重的環境影響。如果停止生產產品 B，對國家 A 的國家繁榮及國內經濟會造成相當大的打擊，在商言商，國家 A 應繼續生產產品 B，但繁榮昌盛的代價是國民的健康受影響。這時候非政府機構便成為一個非政府、非商界的獨立監察角色，獨立並有效地監察產品 B 的生產過程，以保障市民健康。為了達到所需目標，非政府機構可採取政商游說方式或舉辦不同的政治活動。

在香港，很多人會問：「在性質上，非政府機構和非牟利機構是否一致？」對不少香港人而言，這兩組很相似的名詞雖然並不陌生，但很容易出現混淆及混為一談的情況。其實兩者也有其相同及不同之處。首先，根據美國學者萊斯特・薩拉蒙所言，不論是非牟利機構或是非政府機構，必須要符合下列條件[9]：第一是要有一定程度的制度及結構；第二是要在制度上與政府或國家分離；第三是這些機構經營者不可向機構索取任何利潤；第四是這些機構要有獨立處理事務的能力；第五是機構成員的自願性，即機構成員是自願捐獻其金錢及時間予機構，而沒有受任何法律約束。至於非政府機構和非牟利機構的不同之處大致有兩項[10]：第一是非牟利機構的營運是受到相關的法律與道德約束，即是說非牟利機構的盈餘必須要用在其服務上，如上述所說不能把盈餘分

9   http://paper.wenweipo.com/2011/04/13ED1104130028.htm

10   http://the-sun.on.cc/cnt/lifestyle/20120922/00485_008.html

給任何股東及擁有人；第二是非政府機構並沒有牟利或非牟
利之細分。最後談及慈善機構，它跟非政府機構很相似，但
慈善機構是受法律約束，即慈善機構所收集的捐獻必須用於
扶貧、教育、宗教及其他有利香港社會的各項慈善活動。相
反，非政府機構及非牟利機構並沒有受到這些約束。

非政府機構的企業管治要求

　　不單是非政府機構，優良的企業管治對所有機構都是非
常重要的。非政府機構的營運資金主要來自政府公帑資助及
市民大眾的捐款。所以公眾絕對有權知道給予非政府機構的
資源是否投放在適合的用途上。另外，非政府機構亦要顯示
出其公信力及以公眾利益為主之營運方針。

　　如一般機構一樣，非政府機構在企業管治的要求可包括
下列六點：

1. 有效的管治組織

　　優良的企業管治需要優秀的管治班子，機構普遍設有
一個管治組織委員會，委員會的人數會因應各機構的需要而
定。但成員通常包括主席、最高行政人員、高級行政人員、
執行董事和非執行董事。委員會的主要工作包括以下幾點：
（1）提供中、長期的指引和具體的領導方向。
（2）監督機構整體的運作及各部門工作之表現。
（3）確保機構的財務資源得到妥善的運用。

（4）提供指引在必要時能平衡各方面的利益需求。

（5）確保機構做到能為受助者提供長遠的服務。

如非政府機構的委員會能做到上列的幾點，就已踏出了擁有良好企業管治標準的一大步。

2. 完善的財政預算及財務管理系統

機構每年應編製一份財政預算，該預算應顯示機構未來一年如何運用有限的資源去提供最多的服務。管治組織在進行預算批核時，應考慮機構的短期和長期目標、政策實行、優先處理事項及經費來源等因素。財政預算包括各類收入來源和各項經常及非經常性支出。如該機構來年會舉辦一些自負盈虧的活動，便應就各項活動編製獨立的財政預算。原因是要確保捐獻不會被用作補貼這些自負盈虧的活動。在編製財政預算時，應採用由下而上的預算策略，機構可成立一個預算委員會來批核各部門提供的財政預算。部門主管應根據各方面不同的數據對收入及支出作出預算。一經批核，各部門主管需負責並定期向董事會匯報。

3. 內部及外部審計安排

內部審計的目的是在獨立的基礎上識別及評估機構經營的潛在風險。內部審計的首要作用在於檢討所建立的內部監控系統是否健全，該系統如運作順利就可確保機構能符合法規，同時在政策、規劃、程序及機構的經營能達到預期的目標。內部審計的另一重要作用，在於保證財務報告的完整、

準確及可靠性，保護資產安全，同時評估工作及資源的運用，藉以協助管理層實現機構目標。至於對機構來説，外聘審計同樣重要，機構應聘請獨立外聘審計師為其財務報告提供客觀獨立的評審。外部審計也可以令相關財務匯報工作變得一致及可靠，並為機構的資源運用方面增加透明度及對各部門進行問責。外聘審計師可協助機構作審計、審查企業管治匯報，以及進行營運效益評核。以獨立第三者去進行評核非常重要，因為可以有助加強機構的監控制度。機構必須確保跟外聘審計師保持客觀而專業的關係，而且不可存在利益衝突，從而影響其工作的獨立性。上述提及的利益衝突包括由非審計工作費用與審計工作費用的不合比重而衍生的利益衝突。

4. 對於機構內部及機構相關人士需要具有足夠的透明度

　　機構通常要為其行為負責及維持一定的訊息透明度。他們應與其相關人士及持份者分享有關資料，再根據相關資料改善機構的運作程序並制訂中、短期計劃及分析員工的工作質素等。基於私隱原因，在公佈任何關於機構的內部文件及資訊時，應作謹慎考慮。對機構採用的財務及非財務措施維持適當的透明度及公開度，是任何良好企業管治架構的兩大基礎，這有助於證明機構所公佈資料的質素及可信性。

5. 妥善處理利益衝突及訂立行為守則

　　非政府機構必須適當管理利益衝突，否則可能會對機構

的聲譽有嚴重影響，引致負上偏袒行為及濫用權力的批評或貪污的指控。一切決策應依據不偏不倚、誠實、具透明度及良好誠信的原則進行。機構應列明避免利益衝突的規定，以及當成員面對真實或明顯利益衝突時可採取的相應行動。各管治組織成員及職員必須避免任何潛在、可被理解為或真正的利益衝突。所有管治組織成員／僱員在加入機構後，必須申報任何利益衝突。每當遇上有可能發生利益衝突的特殊情況下，管治組織成員／僱員應再次申報其利益，一般性的利益申報也需要定期更新。

6. 維持管治組織與相關人士（包括員工）之間的有效溝通

　　機構和員工之間能夠有效溝通，對於機構的整體表現是十分重要的。員工的意見可以幫助管理層持續優化其管治措施，改善管理層決策，並將衝突減到最少。同時有效的諮詢能增進員工的承擔感，令員工支持管理決策和實施改革。與員工溝通方法可包括下列幾點：第一，管治組織與員工應有一定程度的資訊共享，資訊共享包括由管理層定期及全面地向員工提供人事、財務及其他員工需要關心的資訊，亦包括員工向上級反映員工及受助者的意見，同時提出改善機構表現的方法。第二，管理層可就某些事項徵詢員工意見，但管理層仍需保留最終決策權。第三，由管理層與員工代表共同討論雙方關注的事務並作出決定。至於對外溝通方面，機構應考慮發表載有財務報表的機構年報，年報旨在向其相關人士清晰和客觀地簡報機構的情況。

7. 提高機構的社會責任

　　機構的社會責任是關於一個機構如何使用「自行調控機制」，達致符合法律要求、操守水平，並遵守對社會、環境和經濟事項的主要常規。這綜合了該機構的價值觀、策略、日常活動，並關注機構與公眾之關係。社會責任的目的包括為公眾帶來最少的損害，例如防止歧視某些團體、製造有毒產品、產生污染物等；同時應為社會經濟和環境帶來最大的益處，例如建立安全的工作環境、鼓勵合乎操守和公平的營商手法、促進採用環保的措施等。

　　企業管治範圍通常包括上述幾點。基本上，從管治模式來說，沒有單一的管治結構和常規是可以套用於所有非政府機構。讀者應該考慮機構的規模、性質及所從事的工作，按個別情況採用不同管治模式。

香港的非政府機構

　　在香港的非政府機構必須有適當的註冊，主要可透過社團條例、公司條例或以慈善基金形式註冊成立，所以香港的非政府機構為數不少，而且與日俱增。根據香港社會服務聯會最新發表之香港社會發展指標顯示[11]，按社團條例登記的社團數目在 2006 年至 2016 年這十年內已增長了八成二，下圖為這十年間社團數目的增長情況：

11　https://www.socialindicators.org.hk/chi/indicators/strength_of_civil_society/3.1

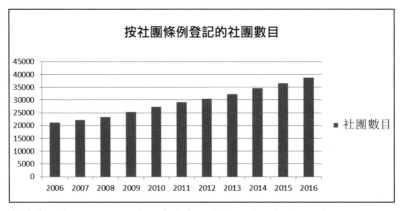

按社團條例登記的社團數目

■ 社團數目

數據資料來源：香港社會服務聯會發表的香港社會發展指標

　　由於非政府機構所涉及的服務範圍非常廣泛，包括社會文化、環境保護及福利等各領域，而非政府機構的營運資金主要來自政府的資助及市民大眾的捐款，為確保有限的資源能用得其所，以配合服務、財政及人力資源的發展，並達成機構的目標和使命，一個健全的企業管治制度是必須的。除此之外，政府、捐款者及公眾人士對機構的透明度要求愈來愈高，管理階層有責任妥善地運用資源，以確保服務質素，加上相關法例的規管，機構確實有需要提升管治水平。

非政府機構個案研究

　　為了探討非政府機構的企業管治制度是否理想，我們訪問了分別在兩間非政府機構（以下簡稱為「機構」）工作的管理階層和前線工作人員，來檢視一下這些機構是否能達到上述企業管治的七個要求。這兩間被訪機構均為非牟利機構，

分別提供服務予智障人士及長者，除了接受政府的資助外，亦有舉辦各類籌款活動及營運自付盈虧的項目，我們會按以上提及的七項要求逐一分析。

1. 有效的管治組織

非政府機構一般都有其獨特的管治架構，通常會按照實際需要設立不同的委員會來處理企業管治、財務、業務發展、人力資源、審計、風險管理、企業傳訊等範疇，下圖為常見之組織架構：

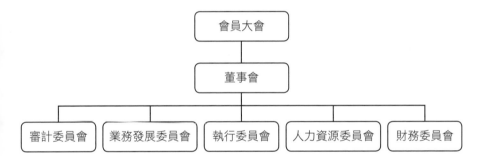

董事會為機構的最高決策層，成員由內部推舉產生，通常包括不同界別的專業人士、機構員工或義工以協助制訂各種政策。

執行委員會負責監督整體運作，並授權機構管理層及其下屬管理日常會務。執行委員會須確保董事會 / 會員大會所制訂的策略、政策和程序得到切實執行，以達成機構的目標和使命。

審計委員會確保機構的資源得到妥善的運用和有足夠的

內部監控程序。

業務發展委員會參照機構制訂的策略和目標，提供中、長期的指引和具體的領導方向，監督各個委員會的發展策略及日常營運管理。同時，拓展其他嶄新服務，以切合服務對象的需要。

人力資源委員會負責招募和甄選合適的員工，制訂員工守則，培訓和評估員工表現，處理投訴和員工的晉升安排。

財務委員會為機構制訂預算案，適當地分配資源到各類服務，支持其所提供的服務及使命。制訂財政運用守則，監察資源的運用是否正確。另外，負責編製年報向社會人士及捐款人匯報資源的運用情況。

實際上沒有一個管治模式能適用於所有機構，受訪的兩個機構因規模及服務性質有所不同，管治架構各有其獨特性，但亦包含上述的委員會，主席及部分出任管治階層的成員是義務的，不會參與機構的日常工作。

2. 完善的財政預算及財務管理系統

由於非政府機構的經費來源不穩定，未必能獲得足夠的經費以支持服務運作，兩個受訪機構均表示每年都會製作詳盡的財政預算去控制成本。主要由每個服務單位先行編製各自的財政預算，然後由下而上地交給財務委員會整理為一個機構的整體財政預算，再交由執行委員會批核。然後財務委員會根據批核的結果，按服務的優先次序分配到屬下單位，若經費不足時，便會繼續尋求其他的資助，甚至需要出售產

品或服務以填補經營成本。

在財務管理方面，除了經費及經常性的開支，還包括一些非經常性的開支、營運資金管理、資產管理等，雖然受訪的機構有一套按會計常規訂定的程序以審批各項開支，但亦會保留合理的彈性，以配合實際的需要。各部門主管亦有定期向管理階層匯報財政狀況，以便監察機構的財務表現。受訪的機構為了拓展業務，也會舉辦一些自負盈虧的先導計劃，為免影響機構的財政預算和造成混亂，他們會把各項收入歸類，獨立處理這些先導計劃的財政預算和運作，以方便有效管理。

3. 內部及外部審計安排

兩個受訪機構均有制訂審核流程和定期進行內部審計，例如現金保管及相關的會計紀錄、會員資料處理及保密、員工考勤紀錄、電腦保安管理、每季一次的職業安全管理及每年一次的盤點物資等，用以檢討內部監控措施是否健全及保證財務報告的可靠性，確保資源運用得宜，也可評估潛在風險。審計報告之後會交審計委員會作定期檢討。

外部審計方面，機構每年均會接受機構以外的組織進行定期審查，由於兩個受訪機構都有提供院舍服務，所以社會福利署每年會派員到機構，根據「院舍條例」檢視其屬下的院舍是否符合服務標準。在財務管理方面，機構亦會聘用外界的會計公司進行核數，以確保其審計的獨立性和客觀性，藉此提高機構的公信力。

4. 對於機構內部及機構相關人士需要具有足夠的透明度

由於要滿足社會福利署「服務質素標準」的服務要求和監察，兩間受訪機構在服務營運各方面需要有一定的透明度。

在會員層面方面，設有不同的渠道提供服務的資訊，例如在單位內張貼海報列出各項活動讓會員報名參加、每月發放會員月刊報告機構整體事項和與會員相關的消息、每季定期舉辦會員聚會，聽取會員對服務的意見和建議，作為日後提供服務的方向和參考，職員亦會解答會員對服務不明或不滿的提問，減少機構與會員間的矛盾和誤會。若機構未能達到服務質素標準所要求的標準，社會福利署便會派員到機構進一步跟進。

在職員層面方面，除每月的職員例會讓主管和員工雙方就服務提供意見外，亦會因特別事件或服務召開特別會議以便即時處理。機構亦設有溝通機制讓員工就服務、個人意見、晉升、投訴等事宜由下而上地與上層溝通。

在機構層面方面，管理層亦會安排相關人士，例如機構的委員會委員、區議員或政府官員，到服務單位探訪和實地觀察，讓他們能接觸會員及職員親自了解服務實況，加深對機構的認識，機構的透明度對日後服務的推行有一定的幫助。

5. 妥善處理利益衝突及訂立行為守則

由於非政府機構的工作牽涉很多來自不同領域的義工、委員、政府人員等，職員每天都要與他們接觸，若機構成員作出了偏袒及濫用職力的行為，甚或涉及貪污的利益衝突，

便會對機構的聲譽造成嚴重的影響，因此受訪的機構在處理
利益衝突方面都訂立了嚴格的行為守則。例如最常見的情況
是物品的購置，負責採購的員工必須按照守則進行採購前的
報價或招標，至於報價單的數量，則必須按購置物品的價錢
而釐定，若負責員工認識報價人或曾與其有過交易，都必須
向機構申報避免利益衝突。若需要進行招標，必須根據「招
標程序指引」進行。為確保職員清楚明白利益衝突的定義和
執行細則，機構每年均會邀請廉政專員公署派人講解相關定
義和守則，講座的內容非常詳盡，甚至包括員工參與其他機
構活動時所得的獎金或獎品應如何處理也會提及，以提高員
工的警覺性。

6. 維持管治組織與相關人士（包括員工）之間的有效溝通

　　在上述第 4 項有關透明度的要求已有提及受訪機構每
月均會舉行職員例會，主管和員工都會就着現時的服務進行
有效的溝通，員工可向上級反映受助者的意見，提出改善方
案，幫助管理層優化管治措施，雙方會就特別事件或服務召
開特別會議並即時處理。溝通是雙向的，機構會將服務資
訊透過電郵發放給員工，例如人事變動、職位空缺、晉升機
會、未來服務計劃等。機構亦設有個人溝通機制，例如面
談及問卷等，讓員工就本身提供的服務、個人意見、晉升要
求、投訴等事宜與管理層溝通，將員工與管理層的衝突減至
最少。對外方面，機構每年均會製作年報並附上財務報表，
向相關人士及市民清晰地報告機構的情況，為了節省開支及

善用資源，受訪機構只會提供小量的印刷本，並會將年報在網上發放以供大眾查閱。

7. 提高機構的社會責任

非政府機構除了要有效地為其服務對象提供服務，監察及完成機構的目標和使命外，亦需肩負社會責任，為社會經濟和環境帶來最大的益處，不應為公眾帶來損害。受訪機構對社會責任都有所承擔，例如其中一間機構在轄下經營的餐廳，會為員工提供安全的工作環境，定期舉辦職業安全講座提高職員的安全意識，減少員工的受傷機會。另外，又會提供傷殘人士工作崗位，推行平等機會的意識，讓市民大眾了解傷殘人士的工作能力，減低社會人士對傷殘人士的歧視。

總結：提高非政府機構有效管治的建議

從上述七項企業管治的要求去檢視兩個機構時，我們發現仍有不足之處，若能作出改善，非政府機構就更能顯示出其公信力及以公眾利益為主之營運方針。

受訪機構的委員會成員通常是兩年一任，新委員一般都由選舉投票選出。首先會透過現有成員提名選出多個候選人，候選人之後會被安排參與機構的活動，再經現任委員在活動的過程中觀察他們的表現，例如投入程度、熱誠度、人際關係表現和處理問題能力等，然後根據他們的表現投票選出下一屆的新委員。這種選舉方式往往會因人事的關係，委

員間的互相拉攏而蓋過了他們的實際表現，選出的新委員未
必有協助委員會的能力，例如可能缺乏管治經驗或非委員會
想招攬的專業人才等。要避免此等情況的出現，機構可邀請
機構以外的人士組成遴選小組，以符合公平公正的原則，讓
管治委員會達到在專業和經驗方面多元化的要求，也應避免
因規模過大而影響決策效率。

此外，委員會的成員都是義工身份，本身亦需處理其他
的事務，他們雖然熱心參與公益服務，但很多時卻未能抽出
時間參與會議，導致出席率偏低甚至因而流會，令到會務受
阻及引致其他委員的不滿。為確保會務順利進行，機構需設
立考勤制度，若委員出席率少於某個百分比，便會被取消其
委員資格，一方面可加強委員的責任感，另一方面對熱心委
員亦有所交代。

其中一間受訪機構雖然具有一定的透明度，但僅局限
於發放合規的資料，而且資料種類及內容相當有限，以致會
員或職員未必能取得想知的資訊。例如職員申請晉升不獲批
准，但機構卻晉升了另一位同事，機構只通知其申請晉升的
結果，並未有交代不獲晉升的原因，職員想多了解也沒有途
徑可查閱。員工資訊不足及透明度低會影響工作的氣氛，令
到管理層和員工引起不必要的誤會。因此，機構需多與員工
溝通，定期提供人事、財務及其他相關的資訊，增加機構的
透明度。除此之外，維持適當的透明度及公開度有助證明機
構公佈資料的可信性，除了披露合規的資料外，機構應考慮
透過網站多披露相關的資訊予公眾人士，以增加他們對機構

服務表現的了解，並應公佈其績效指標，以便衡量服務成效。

總括而言，這兩間受訪的非政府機構都受到相關法例和條例的監管，企業管治質素不錯，若能再提高透明度及加強溝通，製造一個和諧的工作環境，便能進一步提高服務質素和提升管治水平，確保機構維持高服務效率、良好信譽和持續能力。

願與所有非政府機構共勉之。

（李康穎，張婉儀，楊麗群）

參考資料

http://www.theglobaljournal.net/

https://www.cafoline.org/

http://techreport.ngo/previous/2017/facts-and-stats-about-ngos-worldwide.html

http://www.bls.gov/opub/ted/2014/ted_20141021.htm

http://www.dafne-online.eu/Pages/default.aspx

https://www.acnc.gov.au

http://newsroom.mastercard.com/asia-pacific/press-releases/emerging-markets-more-likely-to-donate-to-charity-while-developed-countries-give-bigger-amounts

http://paper.wenweipo.com/2011/04/13ED1104130028.htm

http://the-sun.on.cc/cnt/lifestyle/20120922/00485_008.html

https://www.socialindicators.org.hk/chi/indicators/strength_of_civil_society/3.1

第 13 章

資訊科技與企業管治

在現今數碼年代（digital age）的商業社會，機構或公司愈來愈把更多重複及機械化的人手工作交給電腦系統處理，並愈來愈信賴無紙化的交易。

案例一：本地銀行界多年前已經大量使用櫃員機處理現金提款、存款及轉帳工作；近年銀行鼓勵個人、機構或公司使用電子支票進行付款收款交易；亦有銀行及財務公司利用大數據（big data）及人工智能（artificial intelligence）進行半自動或全自動貸款審批的工作。以上的安排可以減少人手工作量及出錯率，並提升員工的工作效率及公司的生產力。

案例二：在會計行業，由於絕大部分中大型機構或公司已經使用會計軟件（accounting software）、零售系統（point-of-sales system）和 / 或企業資源管理系統（enterprise resource planning system），會計人員已不用每天為機構或公司做大量的、重複的簿記工作，不需要逐一為日常的銷售、購貨、收款及付款等交易製作會計帳單 / 憑證（accounting voucher，即會計術語 double entry 或複式簿記），因為以上的軟件及系統皆能自動產生會計帳單 / 憑證。會計人員可以專注核對交易資料、管理財務、現金流及資金的工作。

案例三：在審計行業，過去幾年四大國際會計師樓投資巨額在研究人工智能、圖像辨識及自然語言（natural language processing）等技術去處理一些過往需使用大量人力物力的欺詐識別、帳目及文件資料核對工作，審計師將來可以投放更多時間及人手去處理其客戶的內部控制審閱（internal control review）及合規審查（compliance review）工作。

那麼，現在有甚麼資訊科技可以應用在公司秘書的日常工作上，達致既可以節省工作時間、提升工作效率，又可以提升公司企業管治能力呢？以下嘗試為大家羅列一些方案。

方案一

企業事務系統（corporate affairs system）/ 公司秘書軟件（company secretarial software）/ 企業合規軟件（corporate compliance software）

相信所有從事公司秘書工作的人員都會時常為成立新有限公司、加入新董事、董事更替、董事個人資料變更而填報各式各樣的公司註冊處表格、稅務局表格及準備不同類別的文件。昔日公司秘書有可能用手寫或打字機逐格逐份填上資料；現在可能會在 WORD 或 PDF 文檔裏逐格逐份填上資料。身為日理萬機的公司秘書往往會將此等工作交給文書人員處理，而文書人員則按指示逐次逐份逐格填上所需要的資料在表格上。公司及董事資料通常是單獨地儲存在各份不同的表格影印本、WORD 或 PDF 文檔裏，而不是儲存在一個中央數

據庫中。如果要尋找舊資料或變更以前的資料，就需要安排
員工以人手取出文件夾或打開電腦檔案尋找及逐一更新，實
在是費時費人力之舉。

　　而企業事務系統、公司秘書軟件或企業合規軟件之出
現，正正改變了以上的工作程序及資料儲存方法。

　　在香港，提供企業事務系統、公司秘書軟件或企業合規
軟件的公司不是太多。是次介紹的是一套由澳洲開發的企業
事務暨企業合規軟件 BGL Corporate Affairs System（CAS）。

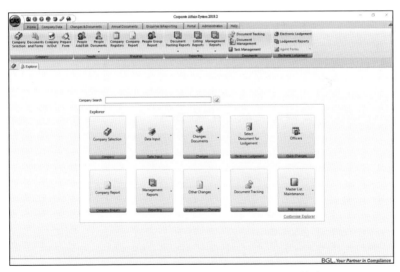

圖 1：企業事務暨企業合規軟件 BGL CAS 的主頁

　　BGL Corporate Solutions Pty Ltd 於 1983 年在澳洲成立，
初期為當地會計師及小型企業提供資訊科技方面的顧問服
務。在 1989 年，BGL 擴展業務至軟件開發，並推出了其企

業事務系統 CAS。現時 BGL 在澳洲、新加坡及香港設有辦公
室，更在以上三地、英國及新西蘭設有軟件支援，服務八千
多家企業客戶。BGL CAS 香港版是其中一套可直接列印或
匯出符合公司註冊處及稅務局指明表格的軟件，使用戶方便
地同時列印出相關表格及資料，便可直接交往公司註冊處及
稅務局進行申請及申報工作。BGL CAS 更可處理多達 25 個
公司司法管轄區（corporate jurisdictions）的公司文件處理工
作，包括有澳洲、斐濟、新西蘭、新加坡、英國等國家。

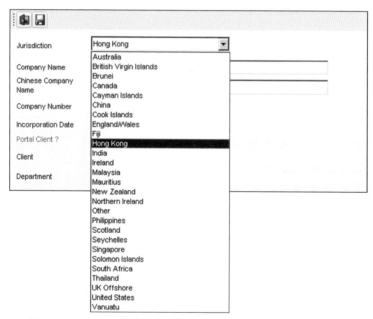

圖 2：在 BGL CAS 中可提供公司司法管轄區的國家或地區

BGL CAS 可以處理以下的一般工作：

（1）成立新公司及產生相關表格或信件

（2）變更董事或主要職員個人資料

（3）變更公司成員及其股票數量

（4）變更公司或董事地址

（5）變更公司名稱

（6）產生周年申報表

（7）設定及使用「CR交表易」

（8）按需要產生報表給公司秘書處理其日常工作

　　在這一節中，將會用成立新公司及產生周年申報表作示範。

　　由於系統是採用中央數據庫，當我們要成立並註冊一間新的有限公司時，只需要按系統要求逐一輸入公司名稱、成立日期、地址、董事個人資料及持股量、公司秘書資料等等，系統便能不經人手地自動產生相關表格或信件。例如：法團成立表格（NNC1）、出任首任董事職位同意書（NNC3）及相關信件、致商業登記署通知書（IRBR1）及公司章程。整個過程只需要幾分鐘至十分鐘便能辦妥，可以省卻人手逐一填寫及準備相關表格或信件的時間，從而提升工作效率。

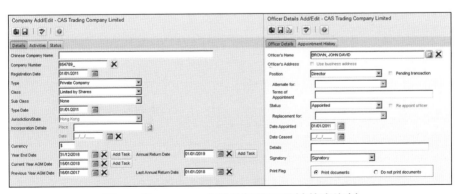

圖 3：在 BGL CAS 中輸入新公司及其董事資料

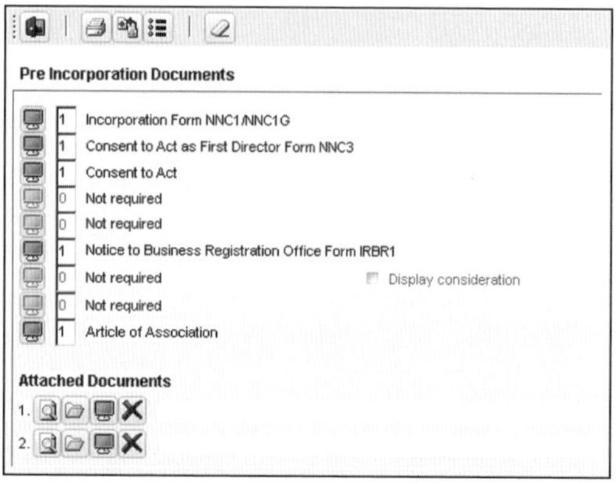

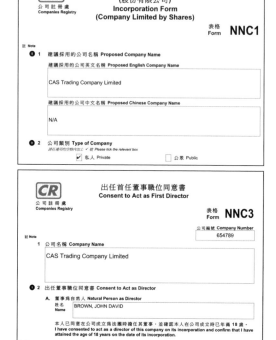

圖 4：系統內設註冊一間新有限公司時所需要產生表格或信件清單

圖 5：經系統自動產生的法團成立表格（NNC1）及出任首任董事職位同意書（NNC3）

圖 6：經系統自動產生的公司章程

　　此外，系統會協助公司秘書記錄每一年度內董事或主要
職員之變更、公司成員及其股票數量之變更、公司或董事地
址之變更等資料，並會在產生周年申報表時，自動從中央數
據庫中取出最新的公司、董事及其持股量等資料進行匯報，
實在省時省力。

圖 7：經系統自動產生的周年申報表，
匯報當年股東間曾經有股份轉讓

CR
公司註冊處
Companies Registry

周年申報表
Annual Return

表格 Form **NAR1**

公司編號 Company Number
654789

註 Note

1 公司名稱 Company Name

CAS Trading Company Limited

❼ 2 商業名稱(如有的話) Business Name (If any)

N/A

3 公司類別 Type of Company

請在適用的空格內加上 ✓ 號 Please tick the relevant box

☑ 私人公司 Private company　☐ 公眾公司 Public company　☐ 擔保有限公司 Company limited by guarantee

❽ 4 本申報表的結算日期
Date to which this Return is Made Up

日 DD	月 MM	年 YYYY
01	02	2019

(如屬私人公司，本申報表應列載截至公司成立為法團的周年日期的資料。
如屬公眾公司，申報表的結算日期應為該公司的會計參照期結束後的 6 個月屆滿之日。
如屬擔保有限公司，申報表的結算日期應為該公司的會計參照期結束後的 9 個月屆滿之日。
For a private company, the information in this return should be made up to the anniversary of the date of its incorporation.
For a public company, the return should be made up to the date that is 6 months after the end of its accounting reference period.
For a company limited by guarantee, the return should be made up to the date that is 9 months after the end of its accounting reference period.)

❾ 5 隨本表格交付的財務報表所涵蓋的會計期
Period Covered by Financial Statements Delivered with this Form
(私人公司無需填報此項 A private company need not complete this section)

日 DD　月 MM　年 YYYY　至 To　日 DD　月 MM　年 YYYY

❿ 6 註冊辦事處地址 Address of Registered Office

99 PEAK ROAD, HONG KONG, HONG KONG　新地址

表格 Form **NAR1**

公司編號 Company Number
654789

⓫ 7 電郵地址 Email Address

N/A

8 按揭及押記 Mortgages and Charges

截至本申報表的結算日期，所有根據《公司條例》須向公司註冊處處長登記的，或若於 1912 年 1 月 1 日後設定便須如此登記的按揭及押記的負債總額
Total amount of the indebtedness as at the date to which this return is made up in respect of all mortgages and charges which are required to be registered with the Registrar of Companies pursuant to the Companies Ordinance or would have been required to be so registered if created after 1 January 1912

N/A

9 無股本公司的成員人數 Number of Member(s) of a Company Not Having a Share Capital
(有股本的公司無需填報此項 Company having a share capital need not complete this section)

截至本申報表的結算日期的成員人數
Number of Member(s) as at the Date to which this Return is Made Up　N/A

⓬ 10 股本 Share Capital
(無股本的公司無需填報此項 Company not having a share capital need not complete this section)

截至本申報表的結算日期 As at the Date to which this Return is Made Up				
股份的類別（如普通股／優先股等）Class of Shares (e.g. Ordinary／Preference etc.)	貨幣單位 Currency	已發行股份 Issued Shares		
		總數 Total Number	總款額 Total Amount	已繳或視作已繳的總款額 Total Amount Paid up or Regarded as Paid up
ORDINARY SHARES	$	300	300.00	300.00
N/A	N/A	NIL	NIL	NIL
N/A	N/A	NIL	NIL	NIL
N/A	N/A	NIL	NIL	NIL
	$	300	300.00	300.00

新股本

圖 8：經系統自動產生的周年申報表，匯報新地址及新股本

方案二

無紙化會議系統（paperless meeting system）

相信所有公司秘書每年會花不少時間、人力及物力在籌備及召開公司的董事會及周年大會上。由準備議程、準備文件、更新議程或文件、分發文件、發出會議提示、記錄參與者、記錄投票結果及會議記錄，無一不與公司秘書有關。

無紙化會議系統的出現，是為了提倡公司盡量使用流動電子裝置接收電子化的議程、文件及備忘，從而可以規管資料發放並達致資料機密性及減少用紙達到環保要求。再者，會議系統會列出最新版本的議程及文件，不會令與會者因為議程調動或文件更新而手上有多份相似但不同版本的議程及文件，減少訊息混亂的情況。此外，系統能協助公司秘書有效率地處理大部分剛提及的會議籌備及召開工作，他們/她們可以將節省下來的時間投放在公司其他的重要事情上，如風險管理、合規管理等事宜。

是次介紹的名為 Azeus Convene，是一套在海外獲獎的雲端（Cloud-based）及內部安裝（on-premise）會議系統，它支援多個不同的操作系統，例如是微軟 Windows、谷歌（Google）Android、蘋果 iOS 及 MacOS。

Azeus 公司在 1991 年首先在香港成立並為客戶提供資訊科技顧問、程式開發及維護服務。公司在菲律賓、中國大連、英國、澳洲、馬來西亞、北美及非洲等地均有業務，並繼續擴充其他市場。

圖 9：Azeus Convene雲端會議系統支援多個不同的操作系統

　　Azeus Convene 的基本功能分為：會議（Meetings）、決議（Resolutions）、文件核查（Review Rooms）、跟進工作（Actions）、文件庫（Document Library）、通告發佈（Announcements）及系統管理（System Admin）七大部分。在這一節中，將會介紹前四個功能。

圖 10：Azeus Convene雲端會議系統的登入及歡迎畫面

會議（Meetings）功能

　　會議設定除了一般的日期、時間、地點、人物外，還可設定提示模式，使用電郵提示與會者參加是次會議及登入 Azeus Convene 會議系統。

Meeting Info		Schedule Next Meeting	Export Draft Minutes	Export/Send Meeting Pack	Edit
Meeting Type	Board				
Meeting Title	**Board of Directors Meeting (May 2018)**				
Schedule	Wednesday, 16 May 2018 2:00 PM — 6:00 PM HKT				
Time Zone	(GMT+8) Hong Kong				
Venue	D740				
Send Reminder	7 days before 2 days before 1 day before				
Description	The 5th Board of Directors Meeting in 2018				
Notes for Participants	Enter notes here.				

圖 11：Azeus Convene 中基本的會議設定

　　議程（Agenda）可以讓公司秘書輸入是次會議的各個事項及其預訂時間，有需要時可上載相關文件至議程，又或從文件庫（Document Library）取出文件作連結；議程內所有項目皆能用滑鼠按需要轉換次序。由於 Azeus Convene 是無紙化系統，如果我們更改議程，只需要發電郵通知與會者登入系統獲取一份更新版本，而不需要逐一為與會者列印及發出新的議程。

　　如果有些項目需要與會者投票通過，公司秘書可以在議程中加入投票項目（Vote Item），並用以記錄投票結果。

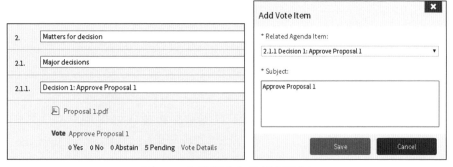

Agenda	Drag and drop files to an agenda or click ⊞ to upload		Show more fields	Cancel	Save

1.	Meeting opening	⊙ 30
1.1.	Apologies	⊙ min
1.2.	Declarations of interest	⊙ min
1.3.	Previous minutes	⊙ min
	📄 Minutes-April 2018.pdf	
1.3.1.	Confirmation	⊙ min
1.3.2.	Matters arising	⊙ min
2.	Matters for decision	⊙ 60
2.1.	Major decisions	⊙ min
2.1.1.	Decision 1: Approve Proposal 1	⊙ min
	📄 Proposal 1.pdf	
	Vote Approve Proposal 1 0 Yes 0 No 0 Abstain 5 Pending Vote Details	

圖 12： 在 Azeus Convene 中設定議程及所需時間，我們更可以加入相
關文件至議程中，並可以按需要轉換議程中的項目次序

2.	Matters for decision
2.1.	Major decisions
2.1.1.	Decision 1: Approve Proposal 1
	📄 Proposal 1.pdf
	Vote Approve Proposal 1 0 Yes 0 No 0 Abstain 5 Pending Vote Details

Add Vote Item ✕

* Related Agenda Item:

2.1.1 Decision 1: Approve Proposal 1 ▼

* Subject:

Approve Proposal 1

Save   Cancel

圖 13： 在議程中加入投票項目

　　跟進工作（Actions）用途廣泛，可以用作記錄會議事項
（例如一致確認上次會議紀錄、完成或暫時擱置通過某一個計
劃書）、提示與會者發言、提示主席會議暫時休息、記錄是次
會議後需要跟進的工作等。

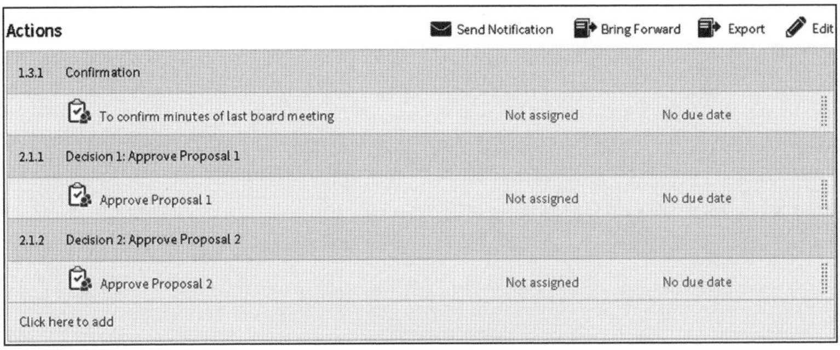

圖 14：會議中的跟進工作

　　如果遇到有部分與會者因職級或利益衝突而需要避席，
公司秘書可以將該部分議程及文件抽起不發放予他們／她
們，從而確保公司機密資料不會因為該系統或該次會議流出
而外傳。

決議（Resolutions）功能

　　由於董事會或各大小部門會議皆會定期地以每個月、每
兩個月或每季舉行，往往有些突發事件或決定等不及在下一
次會議中通過，我們便可利用決議功能設立一個投票項目，
邀請相關董事或員工在某日或某段時間為某一事件作出表
決，系統會為我們記錄並顯示投票結果。

文件核查（**Review Rooms**）功能

在董事會或部門會議前，行政人員或文書組會為會議準備不同的文件或備忘。很多時，公司秘書、部門主管或負責員工會為文件或備忘作核查及批准，之後才分發該文件或備忘給董事會或部門會議的與會者。文件核查功能可以記錄文件或備忘初次的遞交日期、哪位員工為文件或備忘進行核查及批准、文件或備忘的核查及批准時間等。

跟進工作（**Actions**）功能

在會議功能中提及過，我們可以用跟進工作功能記錄某一個會議的會議事項、提示與會者發言、記錄是次會議後需要跟進工作等。

而跟進工作功能是一個綜合概要，會列出我們在不同會議中所需要跟進的工作。使我們一目了然地知道所需要跟進的工作，並自行安排工作次序，為下一次會議做好準備。

方案三

企業資源管理系統
（ enterprise resource planning (ERP) system ）

相信有很多人會問，企業資源管理（ERP）系統只是一套高階的會計軟件，它如何可以應用在公司秘書工作及提升公司企業管治能力呢？

　　現今的ERP系統除了可以記錄商業交易及會計訊息並提供一系列報表外，它亦結合了多家公司的最佳規範（best practice），用在系統的訊息及工作流程、內部控制（internal control）、用戶權限管理等事項上。

　　兩大ERP系統供應商SAP及Oracle不約而同地發表了管治、風險及合規模塊（Governance, Risk and Compliance module）和環境會計模塊（Environmental Accounting module），讓企業及中大型公司簡易地提升公司企業管治能力。

管治、風險及合規模塊
（Governance, Risk and Compliance module）

　　這是一個系統的擴展，我們可以在ERP系統內加入一些商業規則/法規及一系列風險指數，並使用現有的工作流程管理系統（workflow management system）為系統內的各個或某些部門（如：銷售部/採購部/信貸部/出納部）的功能及操作程序進行自動記錄及規範。企業或公司可以利用現有商業智慧（business intelligence）功能的儀表板（dashboard）或報表實時地向管理層匯報員工工作合規率、不合規率、不合規事項及其風險比率，而再進一步進行風險監管及改善工作。利用儀表板的好處是企業或公司管理層可以從整間企業或公司宏觀方向開始進行監察，並利用向下尋找（drill down）技術逐地區逐部門找出問題的所在，比傳統報表更廣闊更快更精準地找到問題或不合規的根源。

環境會計模塊
（Environmental Accounting module）

現在有很多企業或公司需要申報二氧化碳排放及／或用水目標及真實情況，並必須或自願地列出在其年度報告中，讓公司員工、夥伴及利益相關者得知及進行監察。有見及此，ERP系統提供額外欄位（field）予員工，為每一商業活動人手輸入或經外置檔案匯入二氧化碳排放及／或用水目標及真實數據，系統便能協助公司秘書輕易地搜集及綜合製作所需要的二氧化碳排放及／或用水預算及報告。這模塊亦可提供綜合數據予管理層監察個別工廠、機器、經濟活動的二氧化碳排放及／或用水情形，並觀察碳排放及用水成效，或制訂進一步減少碳排放及／或用水的方案。

總結

由於資訊科技的普及，各行各業對資訊系統的需求及應用正在不斷增加。企業管治、風險管理、合規管理及公司秘書等範疇也不例外，均相繼有不同系統開發商提供各種各類的資訊系統，用以協助及簡化企業管理人員及其下屬處理日常繁複的文書工作，使企業管理人員能專注於提升管治能力及效率。

（鄭嘉駿）

參考資料

Auditing to be less of a burden as accountants embrace AI, 18-Sept 2017, Financial Times, https://www.ft.com/content/0898ce46-8d6a-11e7-a352-e46f43c5825d

EY, Deloitte And PwC Embrace Artificial Intelligence For Tax And Accounting, 14-Nov-2017, Forbes, https://www.forbes.com/sites/adelynzhou/2017/11/14/ey-deloitte-and-pwc-embrace-artificial-intelligence-for-tax-and-accounting/#68b567273498

BGL CAS, https://www.bglcorp.com/hong-kong/

Azeus Convene, https://www.azeusconvene.com/

SAP Cybersecurity and Governance, Risk and Compliance System, https://www.sap.com/hk/products/financial-management/grc.html

Oracle Enterprise Governance, Risk and Compliance Manager, http://www.oracle.com/us/solutions/corporate-governance/grc-financial-governance/060172.html

SAP Environmental, Health and Safety Management System, https://www.sap.com/hk/products/ehs-management-health-safety.html

Oracle Environmental Accounting and Reporting, http://www.oracle.com/us/products/applications/green/accounting-reporting-410442.html

作者簡介

陳嘉峰

香港恒生大學商學院會計學系講師

畢業於香港城市大學及香港教育大學，獲會計學士、財務碩士，以及學位教師教育文憑，並為香港會計師公會會員。

陳耿釗

香港恒生大學商學院會計學系助理教授

畢業於中國政法大學、美國南衛理公大學及香港大學，獲法學學士、商法學碩士、國際法與比較法碩士，以及法學博士，並為紐約州律師公會會員。主要教授商法及公司法等科目，主要研究房地產法及民商法等範疇。

鄭嘉駿

香港恒生大學商學院會計學系高級講師

畢業於香港浸會大學及香港城市大學，獲工商管理學學士、電腦學碩士、應用會計與金融理學碩士，以及資訊保安深造證書，並為澳洲管理會計師公會及香港電腦學會會員，主要教學領域包括會計資訊系統及會計企業資源計劃，並提供一系列會計軟件/系統工作坊培訓學生。

張婉儀

香港恒生大學商學院會計學系高級講師

獲加拿大曼尼托巴大學商學學士、香港理工大學理學碩士、香港大學教育文憑，並為澳洲管理會計師公會會員，主要教授財務會計及管理會計等科目，主要研究興趣為會計及管理。

周懿行

香港恒生大學商學院會計學系高級講師

獲澳洲紐卡素大學博士，並為澳洲會計師公會會員，研究興趣包括知識管理及會計教育，並著有多本會計學教材。

林自強

香港恒生大學商學院會計學系系主任

曾任教香港中文大學，獲香港中文大學會計學士、多倫多大學洛文管理學院哲學博士，並為香港會計師公會資深會員，致力於企業管治、資本市場，以及各行業和國家的會計制度之研究。

李巧兒

香港恒生大學商學院會計學系副系主任及高級講師

畢業於英國伯明翰大學獲會計及金融學理學學士和理學碩士，2010年加入香港恒生大學，擔任會計學系講師，主要教授財務會計及審計與鑑證，曾任職於國際性會計師事務所，為眾多跨國客戶提供審計服務，為香港會計師公會、英格蘭及威爾斯特許會計師公會及特許公認會計師公會會員。

李梅芳

香港恒生大學商學院會計學系副教授

獲香港中文大學社會科學學士、英國諾丁漢特倫特大學法學學士、加拿大約克大學工商管理碩士及行政研究學士、香港大學哲學博士，為美國註冊會計師協會及香港會計師公會會員，主要教授公司法及管理會計等課程，研究範疇為公司法、證券法、銀行法、企業管治及稅法等。

李康頴

香港恒生大學會計學系助理教授

畢業於洛杉磯南加州大學、香港理工大學及香港城市大學，獲會計學士、碩士及博士學位，主要教學科目包括審計及財務會計，研究方向為博彩業研究、商業道德及企業管治。

梁志堅

香港恒生大學商學院會計學系講師

獲香港大學工程學士、理工大學會計碩士及澳洲紐卡素大學工商管理博士，並為香港會計師公會會員。

劉軍霞

香港恒生大學商學院會計學系助理教授

獲北京大學光華管理學院博士，為美國註冊會計師協會、中國註冊會計師協會非執業會員，主要教授高級財務會計、中國稅法等課程，主要研究範疇包括資本市場、信息披露與企業管治。

岑安心

香港恒生大學商學院會計學系講師

畢業於香港城市大學、香港中文大學及英國史特靈大學，並獲法學博士、法律博士、中國法與比較法法學碩士及財務學工商管理碩士，為香港特許秘書公會會士、香港銀行學會銀行專業會士及專業財富管理師，主要研究方向為金融及證券的法規監管。

黃純

香港恒生大學商學院會計學系講師

畢業於香港城市大學及香港理工大學，獲會計學榮譽工商管理學士、公司管治碩士，並為香港會計師公會會員，以及特許公認會計師公會資深會員，主要教學範疇包括審計及財務會計。

姚易偉

香港恒生大學商學院會計學系助理教授

先後畢業於華中科技大學獲工程學學士學位及財務學碩士學位，以及香港城市大學會計學博士學位，教授中級會計及高級會計等課程，專注於財務報告之研究。

楊麗群

香港恒生大學商學院會計學系高級講師

畢業於英國胡弗漢頓大學及香港理工大學，獲教育學士及理學碩士，並為澳洲管理會計師公會會員，主要教授香港稅務及財務會計等科目。